U0382070

# 光影魅力

唐乃行 ◎ 著

马克笔设计表现技法详解

中国社会科学出版社

图书在版编目(CIP)数据

光影魅力：马克笔设计表现技法详解 / 唐乃行著. —北京：
中国社会科学出版社，2018.9
ISBN 978-7-5203-3159-3

Ⅰ．①光… Ⅱ．①唐… Ⅲ．①环境设计—绘画技法
Ⅳ．①TU-856

中国版本图书馆CIP数据核字（2018）第214963号

| 出 版 人 | 赵剑英 |
| 责任编辑 | 郭晓鸿 |
| 特约编辑 | 席建海 |
| 责任校对 | 王 龙 |
| 责任印制 | 戴 宽 |

| 出 版 | 中国社会科学出版社 |
| 社 址 | 北京鼓楼西大街甲158号 |
| 邮 编 | 100720 |
| 网 址 | http：//www．csspw．cn |
| 发 行 部 | 010-84083685 |
| 门 市 部 | 010-84029450 |
| 经 销 | 新华书店及其他书店 |

| 印刷装订 | 北京君升印刷有限公司 |
| 版 次 | 2018年9月第1版 |
| 印 次 | 2018年9月第1次印刷 |

| 开 本 | 710×1000 1/16 |
| 印 张 | 14 |
| 插 页 | 2 |
| 字 数 | 201千字 |
| 定 价 | 66.00元 |

凡购买中国社会科学出版社图书，如有质量问题请与本社营销中心联系调换
电话：010-84083683

# 目　　录

# 第一章　设计手绘表达概述

## 一　手绘表现图的历史和特点

设计手绘表现图有着悠久的历史，最早可追溯到古埃及时期，在当时的某些图像中已有了关于建筑平面和绿化空间的图示，古两河流域也出现了反映作图工具和比例尺的建筑图。到了中世纪，设计手绘表现图的发展迎来了新的阶段，绘图工具多样化、设计与施工分离等因素都促成了现代意义上的手绘表现图在这一时期的出现。然而设计手绘表现图的第一次飞跃是在文艺复兴时期，这一时期内，对透视技法的认识和运用起到了关键作用。17—18世纪，受巴洛克和洛可可艺术的影响以及一批绘画大师的推动，使手绘表现图逐渐兴盛。到了19世纪，随着巴黎美术学院对渲染表现技法的重视，设计手绘表现迎来了第二次飞跃。这一时期内，学院派的"柱式"渲染图影响深远，并且出现了专业的艺术设计效果图画家。19世纪末至20世纪中叶，现代设计运动蓬勃发展，设计手绘表现的风格开始多种多样，其更加注重个性化和标识化，手绘表现相关的专业领域慢慢成熟，逐渐形成了专业化的趋势。发展至今，设计手绘表现已成为设计领域内极其重要的表现和构思工具，是设计行业从业者必须掌握的一门基础知识。

各类设计专业在中国发展的时间并不长，但发展速度却异常惊人，设计行业内的分工也越来越明确，越来越精细，划分出了许多不同却又联系密切的专业工种。其实欧美等设计行业发达的国家早就建立了各有所长的设计行业模式。方案设计、结构、水电、材料、设计深化等各方面密切结合，才能顺利完成一项项目委托，使设计方案变成现实。而其中的"表现"更是设计方案得以确立和通过的不可缺少的重要一环。因此，随着市场的发展和成熟，开始出现了一批专业的后期表现图制作公司，特别是由于近十几年计算机设计表现软件的普及，培养了一大批电脑绘图技术人员，但这些人的设计能力与水平参差不齐，与专业出身的设计师存在差距。因此，手绘设计表现图的绘图能力就成了衡量设计师专业能力的重要指标。通过手绘的图纸，可以更加直观地看到方案的整体性，可以更深刻地理解设计者的构思创意，甚至可以通过作品中流畅的线条运用和恰当的色彩渲染，体现出设计者的艺术修养，同时让观者透过画面延展出自己的想象空间，与方案产生交流和互动。因此，手绘表现图在设计者和客户之间成了一种催化剂，更加有利于方案的推进和实施，从某种意义上说，它是对设计工作的再创造。手绘表现图的绘制专业性极强，需要长时间的实践和经验与技法的积累方能胜任，是一个专业化的领域。它虽是一个新兴的行业，但在国内已经逐步形成了一个完善的体系，培养出了越来越多的手绘图制作者，比如一些大型的手绘培训基地，经过几年的发展，培养了大批人才，已是硕果累累。

设计手绘表现图经过了漫长的发展时期，时至今日已形成了多种多样的表现手法，较传统的表现建筑及室内的技法有铅笔素描表现和水彩水粉表现，这些均要求有深厚的美术基本功作为基础。近年来受国外设计行业影响，国内较常用的表现技法以钢笔淡彩和马克笔表现为主，这也是目前国内外手绘表现图的主流技法。也有尝试将手绘与电脑辅助设计软件相结合的表现技法，效果也比较令人满意。但不管哪种技法，就手绘表现图的功能与目的来说，其特点是相通的。

　　无论是哪种形式的表现图，必须具备最本质的属性，首先便是表现图本身的基本特征，忠实地呈现场景内容，要符合设计元素之间的相互比例、位置、体量、结构等关系，如果为了追求画面效果而任意更改设计内容的关联性，就不符合其准确性的要求，所以，不能臆造是表现图的原则。其次，要根据设计项目所处的地理环境、气候特点、空间氛围等确定图面光影色彩关系，人造光源的渲染效果表现更需要注意场景营造的真实感，不能一味地追求画面的艺术效果。针对特殊气候和地理位置的项目表现，如地处寒冷地区的设计项目表现时，宜用寒冬场景，少用绿植。而热带项目的手绘表现，则恰恰相反，尽量少用冷色调，以热带的生机勃勃的植物来营造氛围（见图1-1）。在这个前提下，再把场景内相应的材料质感、色彩、造型特点、比例关系等一一刻画到位。

图1-1

如果客观的真实性得到了保证，便可以在画面的艺术感染力上做文章。虽然程式化和模式化是手绘表现图的突出特点，但过硬的美术功底仍然是物体造型和光影调子、色彩构图等画面感染力的重要基础。通过视觉艺术的视角解决构图和主次的问题，可以极好地避免画面罗列混杂、繁简不分的状况，也不会影响设计主体的清晰表达。熟练运用设计构成中的点、线、面的构成规律，在保证真实合理的基础上适度进行艺术化的夸张，重点与细节做到取舍有度。该细致刻画的，一定要深入，绝不含糊；该简略描绘的，则要用概括画法，一蹴而就，不拖泥带水，配合视角与透视点的选择，使得设计本身被二次升华。任何形式的手绘表现图，只要形成独特的风格，便具有了强烈的个性和标识性，既是设计师艺术修养的体现，也是设计师对设计更深层次的感悟。

## 二　设计手绘表现与纯绘画的关系

设计手绘是设计者表达设计意图的绘画形式，由于带有设计专业的特点，并具有应用性，因此和普通意义上的绘画有较大差别。

设计行为在构思的过程中，方案比较、沟通交流等均需手绘草图作为基础来推敲方案的合理性，手绘表现与一般绘画的不同在于画面中的设计对象在质感表现及大小比例上的要求都具有较高的准确性和真实性，并尽可能地使画面接近于施工完成后的实际效果，不能为了"画"而画，特别是作为正式图纸送审时更应该注意这一点。一些建筑设计的精细表现必要时也会汲取工程制图上的一些准确工整的方法，写意手法和随意性的画法都不适合手绘表现，但设计表现作为一种绘画技法，和普通的彩画有相同之处，比如光影、明暗等形体刻画要高度概括。因此，可以这么说，设计表现技法是建立在科学性基础上的对设计内容的艺术性表达。

设计表现图在绘制过程中，唯一的依据就是设计的平面图和立面图，不可能对照实物去画，这和写生不太一样，但写生却对设计表现有着毋庸置疑的辅助提高作用。在表现过程中，对表现对象的细部的刻画，敏锐地抓住表现形象，分析各种对比关系等，都是在写生过程中锻炼和积累的有效经验。认真地观察和分析现实世界中的设计元素，并实地写生，感受形式的表现语言，是提高手绘能力的重要手段。除此之外，掌握专业的绘画素养和原理也是重要的手绘基础，虽然手绘可以零基础学起，但具备美术功底是快速掌握技法的先决条件。懂得一些绘画原理之后，在表现对象时将会更准确，细节刻画会更到位、更敏锐。因此初学者想画好手绘，学习绘画的基本原理是十分必要的。

有别于纯粹的绘画形式，与设计手绘关系密切的绘画基础常识，不外乎以下几种。

（一）不管是何种环境的设计表现，室内也好，景观也好，建筑也好，甚至是产品表现，首先要解决的问题，便是将设计成果通过选取合理的角度"画"在纸上。对设计的主体的传达是通过"轮廓"来表现的，"轮廓"准确与否，关系到设计图的成败，关系到设计意图清不清晰表达。当然，对于室内场景来说轮廓不像建筑那样具体集中，内容多并且零碎，其刻画关键在于两点，一是正确的透视关系，二是熟练流畅的线条运用，二者相辅相成，缺一不可。透视提供的是画面的构筑原理，线条则是具体的刻画工具。任何设计的实体，都是由一些几何体构成，当然植物素材除外，但是植物也具备近大远小的透视特点。透视稍有错误，设计对象即被扭曲，设计意图的表达就会大打折扣，也就失去了表现图的意义。因此对于设计表现透视原理的掌握，必须过硬，必须熟练，具体运用时才能灵活应对，为画面表达增光添彩。例如在实际工作中，单单处理透视关系还不够，而是应根据表现对象的尺度、外观等特点进行合理的角度选取、视点选择，找到最佳的适宜表现设计对象特点的视角，设计意图才能被强化（见图1-2）。

图1-2

　　（二）线条运用是绘画中最基本的技法，单纯的线描在中国传统绘画中也是一项重要的基本功。我们这里的线条运用和传统线描略有不同，使用的工具也不一样，手绘表现图中多用钢笔或绘图笔完成线条的描绘，但其重要性并无二致。无论是何种设计内容的描绘，都是由轮廓线和内部的细节刻画的线组成，建筑及室内表现以直线居多，景观设计由于多用植物素材，曲线会多一些。外轮廓依靠单线即可完成，必要时根据表现的对象运用尺规工具来辅助完成，且可以用线条粗细来区分前后层次关系，而徒手画的线更加具有手绘的气质，也更生动一些，多用在草图中。刻画细节或单纯依靠黑白关系来表现质感时，则需要用线条的组合来体现不同物体的不同质感（见图1-3），粗糙还是细腻、面积大小不同和结构特征、明暗等都是选用线条组合的影响因素。另外，如果后期渲染上色，则刻画不宜过于细致，要为色彩留出足够的表现空间。对画线工具的要求，一定要流畅不断线，否则会影响整体效果。

图1-3

　　（三）任何物体的造型，都离不开光线的塑造。光线创造了明暗，产生了阴影，使物体具备了质感和形态。作为设计表现的技法之一，就是要抓住光线制造的明暗关系和光影原理，快速表现出设计对象的特点和场景氛围。由于时间的限制，表现图的绘制只能抓住画面重点去刻画，而不能全面细致地画出所有物体，为了解决这一问题，在长期的表现图实践过程中，人们总结出了既省时间又表现到位的若干技法。其中之一，就是在明暗画法中只注重对暗部的刻画而使亮部大面积留白，或者只进行粗略描绘，在节省时间的同时一样能得到上佳的画面效果。光影和明暗处理，要以熟练的透视原理的掌握运用为基础，特别是对建筑画的表现尤为重要，其涉及亮暗面的变化、阴影的范围及体积感的捕捉。

　　作为主要刻画对象的暗部，虽然不受光，但由于受反光的影响及周围环境光的干涉，同一个面也会表现出不同的深浅变化，有的部分稍亮，有的部分稍暗，抓住这个微弱的变化，对于改变暗部刻画时"闷"和缺少细节的问题是至关重要的，有时甚至对整个画面起到显著的提亮作用（见图1-4、图1-5）。

图1-4

图1-5

　　因此，在表现图中，如果设计元素的轮廓已经定好，紧接着要做的，就是确定画面的光源方向，明确明暗关系，亮面与暗面的位置，阴影的范围，都要定好。再进一步找出亮面和暗面的细节变化，使画面进一步丰富起来（图1-6）。当然，一张成熟的表现图，明暗和光影只是画面的基调，细节的处理还要依赖色彩和质感的表现。快速表现图中，可能色彩的重要程度比质感刻画要大一些，因为快速表现受所使用的工具和时间的限制比较大，无法做到细致深入的表现（见图1-7）。但如果是精细的效果图描绘，可用的材料和工具就多，大多数设计材料的质感在正确的技法渲染下都能表现到位。美术绘画的基本色彩知识，应当了解透彻，特别是在光线下某些特殊材质的颜色特征及变化，如白色墙面受周围环境色彩影响时应有的表面色彩变化。再如玻璃和水面等透明材质应当怎样抓住特征表现出通透感，这些都需要色彩理论基础作为指导。

图1-6

图1-7

　　（四）所有完成的设计对象，最终都要放置在环境中，不能孤立存在。建筑是这样，室内设计和景观也是这样，即使是产品设计，也会和环境产生互动。因此设计表现除了设计主体的表达，还要进行有关环境的渲染，包括建筑环境、室内环境等，特别是景观设计场景的表达，环境中各种元素的相互关系更为密切。在具体的刻画中，设计表现主体与其所处的环境是一个有机的整体，不能割裂开来。从线稿刻画的细致程度到色彩运用的协调一致，以及质感表现的完整统一，都要整体规划，均衡对待。这就要求对绘画原理中的虚实关系处理有基本的了解。所谓虚实关系处理，用在表现图中，就是表达主体明确，重心表现突出，在保证设计意图清晰明了的情况下，做到比例恰当。环境的刻画对主体有良好的衬托作用，并且使其虚实得当。环境的处理，应建立在客观实际的基础上，无益画面表达的环境元素，可适当取舍。具体来说，就是要处理好画面内各种配景和主体的关系，如处理好建筑画中植物、水体、铺地和人物等和建筑的协调关系；景观表现中场景主体与周边环境元素的比例关系、色彩关系、层次关系等；室内设计中各种家具和陈设的色彩、质感的详细程度等。配景既要刻画又不能喧宾夺主，不能使表现主体的视觉中心被转移，也不能太简略，使主体和次要物体的层次相差太多，造成画面整体性和连续性欠妥。如果较好地掌握了这个问题的解决办法，画面中的主次关系将得到恰如其分的表达，就能做到设计重点既不突兀，也不会被其他元素所掩盖。（见图1-8）

图1-8

除了上面提到的四点和绘画基础相关的内容，要从事手绘表现图的绘制工作，还要具备设计方面的专业知识，不像电脑辅助设计表现，只要懂得软件操作就可以。表现图的终极目的是绘制出跟施工完成后的效果相接近的场景，并通过图面内容让人很好地理解设计意图、设计重点、设计说明等，只有充分地了解了设计技法、原理和一些必要的结构、施工技艺等才能绘制出符合设计创意且合情合理的手绘表现图。因此，设计对象结构的逻辑性、模拟场景内各元素的尺度比例的准确性等都是必要的设计表现基础知识。此外，有关的工程制图规范也要熟知，虽然具备了娴熟的绘图技巧，但不等于就能画出优良的表现图。扎实的美术功底是必备的修养，然而由于手绘表现图自身的特点，相比纯绘画形式，它要受到更多的来自制图规范方面的限制和要求，绘制过程多偏向程式化和理性化，正是因为公式化的表达方式才能更容易被观者所理解并接受。因此对制图规范的了解熟悉有时是比较重要的，加上过硬的绘画功底，绘制过程中才能做到有的放矢，才能对所要表现的设计场景进行"再创造"，使设计本身得以升华，而不会因为对专业知识和制图规范的了解的匮乏，掩盖设计本身的亮点，使人无法详尽理解图面上的内容。但是纯粹的工程制图有着严格的规范，专业性极强，未经专业训练的人很难完全读懂。所以，手绘表现图就成了在与业主沟通交流时的有效工具，由于其直观性强的特点，故具有强大的说服力。

# 第二章　与手绘图相关的透视理论

透视理论是手绘表现图的重要基础之一，它给画面提供的是一个正确的构筑原理，也就是画面最本质的东西。如果一张表现图的透视不准确，那么不管表现的效果有多好也是一张错误的图，因为它的构筑原理是错的。对手绘表现图来说，透视原理的重要性不言而喻。手绘表现图的透视更讲究构图的美感，它总结了诸多常用的透视角度。透视原理本身是比较容易掌握的，理论也并不复杂，最关键的是如何运用，在运用中往往容易出现错误，需要大量的针对性练习来提高熟练程度。

对于绘画的透视理论，有专门的著作。在文艺复兴时期已经成熟，对各种类型的透视分析归纳，均上升到了理论高度，总结得比较完善。而中国传统绘画多用散点透视，这种方式在手绘表现图中并不常用。

设计师在准确表达设计意图时，首先要解决的就是如何更有效、更直观地呈现物体形象，包括物体间的相互比例关系、远近前后关系等，要有效地解决这些问题，就要严格按照透视原理进行合适的角度选取、视平线高低定位等，以便更合理地表现设计内容。这对透视理论的掌握有着较高的要求，下面就对手绘表现图中的有关透视原理、透视现象和规律等作简单的介绍。

日常生活中，存在一些有规律的视觉现象，例如我们行走在街道上时，路两边的行道树总是近处的高，远处的低，并且树梢连线与树干底部的连线最终会汇聚于一点。如果我们把透过玻璃窗看到的景物描绘到玻璃上，会得到一幅有透视规律的图像。当然还有很多这样的例子，这些规律就是我们通常所说的透视现象。

在手绘表现图中比较常用的透视形式，多是程式化的，包括视平线和透视点位置等都有常用的模式。根据表现的内容不同，会有固定的形式组合，但不管是哪种透视模式，都离不开三种基本的透视模式。

# 一　一点透视

一点透视也称平行透视，是最常用的透视形式，因其只有一个消失点，也是最简单、易掌握的一种透视形式。以立方体为例，其形象特征是有一个立方体的面和我们的眼睛平行，组成立方体的三组线有两组不发生透视变化，横平竖直，只有一组线发生透视变化，其延长线消失到灭点。在透视点选择上，这种透视形式有着较大的自由度，可根据需要将透视点放置在任意位置，没有两点透视中两个灭点距离远近的限制。

一点透视的效果图画面相对规整、平稳，纵深感强，表现范围较广，在表现空间时具有庄严、稳重、肃穆的特点，并且对宏伟的空间捕捉有一定优势（图2-1、图2-2）。

图2-1

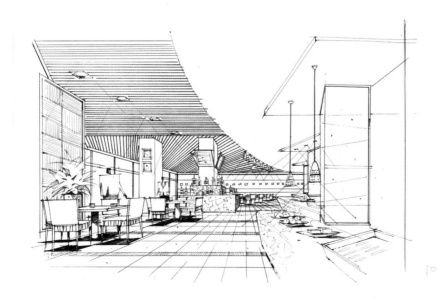

图2-2

## 二 两点透视

两点透视也叫成角透视。两个透视点分别位于左右两侧，相比一点透视，因其多了一个消失点，所以稍显复杂和烦琐。成角透视的两个消失点必须位于同一条水平的视平线上，否则容易出现两个灭点不一样高的问题，致使画面的透视不准确，内容扭曲失真。还是以立方体为例，我们把一点透视的立方体水平旋转一些角度，使其正对我们眼睛的面不再与我们的脸平行，而是一条竖的边棱距我们的眼睛最近，这样就形成了两点透视。其透视特征是有两组边线发生透视变化，分别消失于左右两个灭点，另一组竖线不发生透视变化，彼此仍然平行，仍垂直于视平线。如果以成角透视的两个灭点为直径画圆，会形成一个视域，这个视域内的物体的透视形象是正确的，没有发生透视扭曲。但一旦要表达的物体超出了这个视域范围，就会发生扭曲现象，使透视形象过于强烈而失真变形，视觉上容易产生不真实感。因此，在选择两个透视点的距离时应谨慎，要根据表现物体的体量及复杂程度、场景大小等选择合适的距离，太近透视过于强烈容易失真，太远透视效果又过于平淡，缺乏视觉美感，没有构图韵律（图2-3）。有时视平线透视点的高度也至关重要，如果是景观建筑的表现，视平线的高度宜与人眼的高度相当，场景才具有美感，才符合人的视觉习惯，看起来也会舒服一些（图2-4）。当然，在绘制鸟瞰图时则需遵循另一种构图原则。室内的场景表现与景观类区别较大，因为室内空间终归是由六个面围合的封闭空间，尺度有限，随着城镇化程度的不断提高，可利用的建造土地面积正在减少，因此不管是公共空间还是住宅空间，都会被要求在有限的空间里实现更多的使用功能价值。这对手绘表现带来的影响就是要在小空间内展现出应有的功能意图，在视觉上使空间最大化。视点的高低对这一类表现图显得尤为重要，不同于建筑景观的表现，室内空间的表现图视点高度应放低，一般来讲，比较适合的消失点高度宜在室内空间高度的三分之一处，这种室内构图即使是在表现小空间的方案时，也会显得比较有气势，也符合人对空间的视觉习惯。

图2-3

图2-4

## 三 三点透视

　　三点透视也称倾斜透视，是在两点透视的基础上又增加了一个消失点，这个消失点的位置在视平线上方或是下方，取决于俯视或仰视的情形。如果是俯视，则消失点位于视平线下方，如果是仰视，消失点就在视平线上方。三点透视相比前述两种透视形式要稍微复杂，有时高层建筑的表现会用到三点透视，层高较高的室内空间，为体现空间的高耸感觉，有时也会用到，包括在鸟瞰图的绘制过程中，三点透视也会被用来表现场景的氛围（图2-5）。除了以上几种情形，三点透视就极少被用到了。

图2-5

　　以上就是透视原理的三种形式，从平行透视到倾斜透视，复杂程度逐渐加深，灭点不断增加。只有在熟练掌握了所有透视形式和构成原理之后，才能灵活运用到实际的表现图绘制过程中去。要根据所表现的主体及场景氛围，确定要运用的透视形式，找到最佳的表现角度，力求全面呈现设计意图，使观者快捷准确地获取图面信息，用最短的时间对设计图纸有全面的了解。设计项目在建成以后，可以从各个角度，甚至是从外部和内部来观看它，但在方案设计之初，我们只能通过最佳的视角选择来呈现项目建成以后的面貌，否则很难实现对空间形象和创意的精准把握。

## 四　与透视构图有关的技法

　　具体来说，透视构图技法包括几个方面，第一个要解决的问题是选择合适的角度。所谓"角度"，即要表现对象的平面图与"水平线"的夹角，这条"水平线"，我们可以理解为眼前的一个透明的面在水平面上的投影。表现对象的平面图如果旋转，那么与"水平线"的夹角也会改变，我们会得到不同视角的表现图，产生不同的透视效果。这对表现图的现实应用意义是针对表现对象的侧重点进行合适的角度选取。例如在建筑表现中，经常是以其正立面为重心去刻画，也就是我们能看到的建筑的正立面的面积在画面中占主导地位，能更多地看到正立面，因此建筑的平面与"水平线"的夹角应该小一些。如果想把建筑的侧面作为表现重点，则应当把夹角的角度适当调大，使侧面的可见面积大一些。具体的角度设置，要根据设计方案的内容和场景的具体情况来定。但在诸多论述透视的著作中，人们大多认为建筑物正面与"水平线"保持三十度夹角是比较合理的，这种角度能比较理想地将场景主体交代清楚，是最常用的透视角度，但在具体的实际操作中，要因地制宜，兼顾全局，合理运用透视原理，找到表现方案的最佳角度（图2-6）。

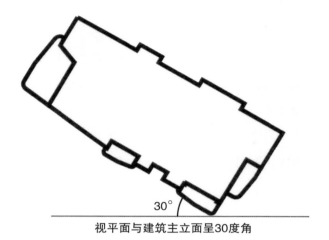

视平面与建筑主立面呈30度角

图2-6

　　第二个要解决的问题，是对"距离"的选择。选择合适的距离观察物体，是表现图成败的关键，用透视原理上的专业术语来讲，这个距离被称作"视距"，也就是观察点与观察对象之间的距离。视距的大小显然会影响整个表现图的效果，过远或过近，都是不可取的视距。从原理上来讲，如果视距过大，观察点与观察对象的距离越远，画面就会显得越平淡，因为此时消失点的距离很远，表现对象的构成线比较平缓，该有的透视效果特征不明显，画面会索然无味，特别是表现建筑时建筑物应该具备的高大宏伟、气势磅礴的视觉感受也会荡然无存。反之，视距如果太小，视点与观察对象的距离很近，画面的透视效果越强烈。此时的消失点距离是比较近的，表现对象的构成线倾斜得比较严重，会导致表现物体的形象扭曲失真，不符合人眼的正常视觉感受。因此，视距的选择至关重要，不宜太远，更不宜太近，应当结合前文关于两点透视中两个消失点为直径构成的圆形视域原理，合理选择视距的大小，使被表现物体既不夸张也不平淡地呈现在画面上。

第三个便是视平线高度的问题，也就是从哪个高度来表现设计对象更为合理。前面已探讨过此类问题，并且分别就室内设计表现和室外景观建筑等分类做了论述。低矮的视平线，可以取得高大宏伟的视觉效果，诸如庄严的纪念性建筑，像博物馆、图书馆、文化中心等均宜采用此类视高，且以人的视高为视平线高度画出的效果图真实可信。

以上分别就透视角度的选取、视距远近的控制和视点高低的调节等方面做了介绍，看似没有联系的三个方面，在实际运用中却是相互影响、相互制约的。一幅优秀的效果表现图，离不开这几个方面的结合运用。即使再简单的场景，改变这三个要素中的任何一个，也会得到不同的透视效果。在无数个不同角度、不同距离和不同高低的表现图中，应当尽量选择人们通常看到的透视形式加以运用，多比较，多琢磨，根据表现场景的性质和复杂程度，找到设计方案表现的最佳选择，最大限度地展现设计实力和意图。这三个因素的转换关系、综合运用、相互牵制等方面最明显的体现，是在两点透视的运用中。一点透视由于只有一个消失点，透视原理相对简单，受视高的影响会大一些，而视距的远近，则取决于场景大小和内容多少，基本上不存在透视角度选择的问题。但一点透视是在两点透视以外比较重要的补充，当出于某些需要或是特定物体的自身特点和表现图的要求，用两点透视无法达到良好的效果或是无法满足完全反映设计意向的需求时，可适当地运用一点透视等辅助形式来表现。在诸多左右对称、严肃稳重的场景例如居住区入口大门的设计、纪念性的广场景观表现、景观大道的设计等大都可以采用一点透视去完成刻画。前面提到过三点透视适合于高大建筑物的表达，例如仰视的角度选择就适合于此，而俯视多用于鸟瞰图中，其他情况下较少用到。

效果图的绘制多是在线稿的基础上进行渲染，线稿的绘制则是基于透视原理去构建整幅图的框架。许多论述透视的专著中，大都提供投影几何的画法和作图的原理，通过消失点、视平线、辅助点、线的位置及几何原理等具体的作图方法可以得到准确无误的透视图。用这种方法做设计透视图，且不论场景大小，每条线都必须用投影几何的方法得到，再加上细节刻画，是比较麻烦的，更不符合快速表现的速成性要求，因此在具体的项目操作时，多不用这种方法。只要保证被刻画的物体的大的透视关系正确可信、各部分比例关系符合客观要求就足够了。有经验的设计师和绘图师，都会用在大量表现图的绘制中得到的"感觉"去判断该怎样处理画面的透视和比例关系，以快速完成设计任务。比较正式的烦琐场景的表现图，则先要打好草稿，用草图来推敲所选择的角度、距离、视点高低等是否合适，一旦确定，便在草图的基础上绘制精细的正式图。所有的画面构成条件都是灵活多变的，针对不同的设计方案，须由设计者决定该怎样去选择合适角度，并没有固定的标准可以参照，在大量的绘制经验的积累中，每个人都会有所总结。但所得到的透视效果要越准确越好，通常的情况是，用较小的图纸来表现内容的合理性并达成表现的最优化，适当增大比例尺，缩小若干倍透视图，省略细节，从大的外形入手，在整体轮廓满意的基础上，延长左右两组线，得到画面透视的消失点，从而得到视平线的高度，这样大体上可以确定正式稿的视平线高度和消失点位置。不管是景观还是建筑或者室内的表现，都可以按照这个方法，把小图上确定的形象效果放大到正式稿上。轮廓刻画好以后，透视关系就确定了，然后按照绘制的细致程度的要求，把例如建筑的窗台线、檐口线和饰面材质的质感等，以及景观类的地面、植物等的刻画进行深入描绘。对于表现物体的长宽高等比例关系，则主要是依靠经验的判断来确定，根据实际设计尺寸的比例，结合透视的原理规律，就能得出相对准确的比例关系。有些透视的规律，必须熟知，其对于徒手表现的判断和帮助是事半功倍的。按照透视图原理，等大的物体呈现近大远小的特征，由此可以得出等长的距离越远越短，并且变短的比率是按照等比级数变化的。一般透视熟练者不会在这方面出现错误。在两点透视中，如果图中是简单的立方体，则立方体的哪个面离消失点近，哪个面就窄。反之，离消失点越远，则面越宽，依据这个原理可以推导出，离视平线越近的立方体的顶面或底面，其宽度越窄，越远则越宽，这是初学透视的人极易忽略的细节。还有一点需要注意，就是同一幅两点透视图中，如果有相互平行的斜线，则斜线的延长线必定交于一点，这也是判断透视是否准确的依据之一。

　　在景观类的透视图中，经常会碰到道路绿化及行道树的场景表现，行道树或是树阵的距离都是相等的，一点透视或是两点透视中，如何确定这种等距的视觉差呢？有简单的方法可供利用，行道树在高度和体量上大体相当，这时可粗略计算一下画面内的树木的数量，然后根据数量将最前面一棵树的高度等分，有多少棵树，就作几等分，再从各等分点向消失点连线，将行道树所在的面作为一个矩形，连接矩形的对角线，使对角线与各等分点和消失点的连线相交，最后通过这些得到的交点向下作垂线，与底边相交，交点便是我们要确定的行道树的位置，用这个方法便可以很容易得到类似场景物体之间的规则排列的距离关系，很多建筑在表现划分的开间时，多用此方法。

　　熟练掌握各种透视技巧，是方案设计顺利进行的基础，其实用价值就在于可以快速、简便地表现出设计方案，并使其获得良好的视觉效果。一般在研究推敲设计方案时都是依靠徒手的草图来构思，以便帮助我们在优化方案时节省时间。

　　除了类似方体的透视，在表现图中有些曲线特别是与圆形有关的透视形式也会经常碰到，例如圆形的建筑、拱廊、欧式风格的室内空间以及景观设计中圆形的广场铺装和曲线形式的道路表现，都会涉及圆的透视理论。众所周知，具备透视角度的圆的形式是椭圆，而正圆形的特点与正方形是息息相关的，它总会外切于正方形，圆周上的四个点会与正方形的四条边线相接。因此只要确定外切正方形的透视形象，找到与圆相接的切点，圆的大致透视形象便会确定。不同的透视形式，如一点与两点透视，正方形的透视形式会有所不同，因此圆的透视形象会跟随正方形而变化。

# 第三章　关于表现图中光线的问题

  光线可以分为人工光线和自然光线，人工光线也就是依赖灯光发出的光线，呈辐射状，照度有一定范围。自然光线则是来自太阳光，其光线为平行状，因此两者产生的阴影会有差异。在室内设计的表现图中，往往会以人工照明为主，也会掺杂自然照明的成分，例如窗口等与阳光交汇的地方。这样一来，室内表现图中的光线来源就稍微复杂一些，一方面以来自顶部的灯光为主要光源，因此室内大多陈设朝上的面均为受光面，或者说相比其他的面要亮，另一方面光线来自窗口，因此大多背向窗口的面，一般是暗面（图3-1）。这种情况也并非绝对，还要根据实际需要合理安排画面的光源方向。对于室外的建筑和景观类的表现图，显然就不存在人工照明的问题，阳光是唯一的光线来源，各种投影以及明暗面都比较容易确定，也不存在室内表现图中由于辐射形光线导致的阴影偏离的问题。

  室外的场景表现，要根据设计内容与画面需要合理地选择光线的来向，投影、明暗关系是决定一幅表现图成败的关键，亮部简单刻画，暗部才是我们表现的重点。因此好的照射角度尤为重要，特别是对一些没有透视关系的正视图、立面图等，更加不能缺少光线所塑造出来的立体感。

图3-1

　　在建筑的立面图表现中，更加少不了光线对于建筑形体的前后层次关系和凹凸转折的表达作用。为了更好地表明建筑立面的层次关系以及各构件的凹凸程度，一般要将光线方向设置为从建筑左上方照来，光线在水平面上的投影角为45°，在垂直面上的投影角也为45°，并且由于日光的光线是平行的，因此通过得到的投影宽窄尺度就可以较容易地表达出建筑各构件的实际深度，投影越宽，深度越大，投影越窄，深度越小，如此便使建筑的正立面和侧立面具有了长宽高的三度空间关系效果，对于立面凹凸不等的造型，投影在其上则会出现宽窄不一的阴影宽度，正是这种阴影的变化，才折射出建筑物丰富的形体结构（图3-2）。

　　对于室外场景透视图的表现，并没有严格的光线照射方向，而是要根据设计内容和画面实际需要假定一个光线投射角度，这个角度的选择肯定要有利于表达图面内容，且美观大方，符合艺术审美的原则。但是确切的投影形状，需要用几何方法求得，这需要厘清诸如消失点及投影关系等比较确切的概念，即使是简单的场景处理起来也比较麻烦，所以，如果时间不允许的话，可不必严格按照作图求解的方式求得透视阴影，可大致用近似的方法得到大体的轮廓。当然，即使如此，也要求准确度高一些，不能出现明显的错误。因此在日常的绘图工作中，还是要积累一些基本的透视阴影的变化规律，这对提高绘图的准确性是有很大帮助的。

图3-2

如前所述，光线对于表达物体形态的重要性不言而喻，任何物体要呈现出真实感和质感，都离不开光，由于光的照射，物体不同部位会呈现或明或暗的效果，亮的部分我们称为受光面，暗的部分为背光面，也有处于两者之间的灰调面，既不直接受光，也不完全背光，这就是我们通常提到的黑白灰素描关系。画面中物体均是靠这三种关系的相互依存，才呈现出立体感与空间感。但不管是亮面还是暗面，都不是没有变化的"亮"和没有变化的"暗"，受光的亮面的亮度，因部位不一样，会有细微的差异，背光的暗面，也会因有周边物体反射的光而有所变化（图3-3）。因此，对手绘表现图来说，抓住这种变化，才是营造细节的关键，否则画面不会生动丰富。

图3-3

　　类似方体的建筑在受光面、背光面的区别上是比较容易界定的，但是其他造型的物体则稍微复杂一些，例如圆柱形和球形，受光背光的变化就比较难捕捉，需在平时的练习中多注意观察，找到规律，以便熟记。熟练的表现图绘制者，总能把握住画面中最生动丰富的细节变化，在受光面中找"暗"，在背光面中找"亮"，也能游刃有余地区别开暗部和投影的颜色变化。我们经常强调，一幅成功的渲染图，对暗部的刻画往往是至关重要的，其永远是表现图处理的重点，而亮部则不作为重点去刻画，少施笔墨一带而过，有时甚至采用留白的方式处理。

　　以立方体为例，由于立方体各个面接受了不同程度的光照，呈现出明暗的差别，色调深浅的不同，把立方体的形体、受光面和背光面明确地表现了出来。立方体的结构简单、标准，容易区分亮面和暗面，但在最亮面和次亮面的区分上，则需稍加注意，特别是照射光线与立方体两个面所呈角度一样时，两个面的明亮程度是一样的，因此在实际绘图中，如果有物体的两个面的受光程度是相同的，则不容易拉开画面的空间层次感，且这两个面的细节不宜详细刻画，这是值得注意的一点。

　　既然在透视图的表现中，光线的照射角度是绘图者假定的，那么哪种角度是合适的呢？如前所述，角度的选择首先要根据所描绘的内容和对象的特征来选择，清晰、准确地表现出设计主体是第一原则。因为室内表现图中主要光源是来自顶部的主照明灯具，所以其光线角度大都好把握，只需找准透视形式和视点位置，光线角度的问题自然就解决了。但是大多的室外场景表现都会遇到阳光照射角度的选择问题，处理这个问题时应把握具体情况具体对待这个基本原则，还要明白明暗对比是塑造形体和丰富画面必不可少的手段，因此不管是景观类表现还是建筑表现，选择照射角度时应尽量确保画面主体存在受光面或者次受光面和背光面的对比，如果只存在受光面和背光面，这种角度的优势是明暗对比强烈，反差大，渲染出来的画面清晰，缺点是亮的太亮，暗的太暗，细节不容易捕捉，特别是处在暗处的一些结构的转折关系和材料的质感不易刻画。所以要尽量避免画面主体处于暗部的情况发生，当然，除非是一些特殊需求，如项目本身就坐落于暗处。

最为理想的光线照射角度，是要使画面上既存在受光面、次受光面，也要有暗部和投影的衬托。受光面和次受光面的对比，也应该拉开距离，稍微强烈一些，不能是微弱的差别。把受光面和次受光面作为画面的主体，而刻画的重点则是在次受光面和暗部的表现上，受光面尽可能简略描绘。此类光线照射的角度，是在表现图中最为常见的，取得的效果也往往比较好。

既然次受光面和暗部要作为重点去表现，就要尽量把应有的细节交代出来，这两种面虽然理论上来说接受的光照不同，暗面更是不接受光线直接照射，但即使是同一个面，在表现时也不能用同一种色调一铺到底，或者明暗程度一模一样，使亮的一样亮，暗的一样暗，缺少光感和丰富感，画面没有生气，细节变化出不来。利用色调深浅的变化可以很好地增强画面质感丰富细节变化，而色调深浅的控制，有许多可以借鉴的简单经验。

就室内表现图的特点来说，同一个面，如果受光，肯定是离光源近的地方要稍微亮一些，也就是离灯光近的地方要比离灯光远的地方亮一些。因为吊顶和墙壁、地面等这些界面一般来说是受光的，再加上这些地方本身材质的颜色要浅一些，所以都没有很重的色调表现（图3-4）。家具和陈设在刻画时则可以根据灯光的距离适当调节表现的色调深浅。室内的场景没有室外开阔，家具陈设的体量面积也不会很大，由于每个物体的面积相对较小，所以在每个面上的色调的细微差异要仔细把握，不能呆板地刻画，使画面不透气（图3-5），以上的原则都要遵循保证整体画面完整统一为前提。

图3-4

图3-5

　　室外的场景如建筑和景观，构筑物的体积都比较大，单个面的面积会更大，场景的照明一般只有阳光，且是平行光，在一些界面的细节刻画和处理上要比室内好把握一些。次受光面的处理，首先要明确光线的来向，不管是哪个方向射来的光，从上往下照射的情况无须赘言，所不同的是从左侧或是从右侧照射。任何材质的地面，都会或多或少地反射部分光线，按照常理，越接近地面的部分，由于地面的反光作用，会越亮（图3-6）。按照这个经验推导，如果稍高的构筑物出现在画面里，处理的原则是上部的色调要比下部的色调稍微重些，也就是上深下浅。另外构筑物本身的材质特点也是决定色调深浅的重要因素之一，光滑或者粗糙，会形成深浅的不同。

图3-6

　　室外的次受光面是表达材质营造氛围的关键，除了受地面的反光影响外，也要注意其周边物体的材质属性，如果是较易反光的材质要考虑它产生的影响。另外需要注意的一点是，假定画面的光线是从左上角射来，则某个次受光面的色调变化，是从左到右逐渐变浅的，也就是靠近光源的部分色调重一些，另一侧色调要浅，而不是越接近光源的方向色调越浅。利用这个经验正确地把次受光面细微的明暗变化和通透的光感表达出来可获得良好的画面效果。

对于空间进深较大的场景，由于空气透明度的影响，当距离增大时，远处物体的受光面和次受光面的色调要比近处物体浅一些，细节刻画适当简略一些，以此体现空间感（图3-7）。距离对画面的影响，不仅在同一个面，每个物体处于画面远处或作为背景时，明暗对比、颜色纯度等都要弱一些，这样才符合透视现象的规律，画面层次也容易拉开，便于塑造空间感。

图3-7

综合画面艺术性和准确性及协调性的原则，考虑上述由于退晕、透视等物理现象的影响，一般来说，表现图画面中心位置或者按照透视原理离视点最近的场景位置，其色调、明暗对比、色彩纯度都要比其他位置强一些，越往画面边缘，或者离视点越远，各方面都会稍微淡化一些。

对背光面的处理也是一幅表现图精彩与否的关键，背光的部分包括暗部和投影，因为不受光，所以对其色调影响较大的是物体本身的材质固有色和其他物质的反光。学过美术的人都知道，明暗交界的部分是对比最为强烈的地方，因此整个暗部和亮部交接的地方色调比较深，越往边缘，反光产生影响，色调越浅。暗部作为刻画的重点略带光感的效果是关键，避免漆黑一片和死板不透气的笔墨。投影的描绘，因其不涉及具体形体的交代，重要性显得不那么强，但它对主体的衬托作用却是必不可少的，投影的色调要比产生投影的物体的暗部略重些，但也要看投影是投射在什么颜色的物体上。接受投影的物体颜色越浅，则投影越浅。投影的颜色偏暖还是偏冷，也要看接受投影的物体的颜色是冷还是暖（图3-8）。

图3-8

此外，阴影的边缘，也就是与受光部分交接的地方，根据常识，要处理得稍深一些以增强对比和丰富细节。大部分的表现图在视点选择上，多趋向低矮，室内设计尤为如此，景观建筑类则多以人的视点高低为标准。低矮的透视视角，所得到的阴影往往比较窄，面积很小，在具体刻画中就比较容易处理。极窄的阴影，不必再考虑色调的变化和细节，只需根据被投影的材质简略描绘，协调整体即可（图3-9）。也要避免大面积的投影出现在画面里，暗部和投影的刻画本身就难，很多结构不易表现，合理的视角选择能够避实就虚，既节省刻画的精力，又能取得良好的效果。

图3-9

# 第四章　关于构图、画面中心和虚实关系

## 一　设计表现的构图技法

所谓构图，是出于形式美的需要，对表现的内容主动构思布局，得到更具有观赏性的画面，反映了绘画者主观思维的创造力和主观表达的意境感，体现了浓厚的个人情感。在任何类型的设计中，形式美都贯穿始终，不管是设计本身还是对设计的表达。想要最终的设计表现图具有较高的可观赏性，离不开对构图手法的理解，构图的形式美贯穿在设计活动的整体思维中。设计的手绘表现重点无疑是对设计信息的传达，相关信息是画面主体，其他的都处于次要位置，因此这些相关信息的自身形态的构图就显得尤为重要。表现的透视图不可能画得太满，也不可能表达出全部的形态内容，在这种情况下，就必须要考虑构图关系，例如怎样收边、怎样取舍主要内容以外的信息等。整套设计方案的信息量巨大，依靠单张透视图难以表达全面，所以每张效果图只能兼顾一部分设计内容，这部分呈现在图上的内容，是由光影所产生的形态和深浅不同的表面色块所构成，构图的另一个目的，就是要使这个部分尽量协调美观，突出重点主题。光影明暗

的分布要均匀合理，不要使某些局部明暗对比过深而另一些则太浅，影响构图的均衡。其实构图的形式美原则，在设计基础课中都会有所涉猎，比如均衡、对称、韵律、节奏感等，只需稍加注意并刻意运用，并不难掌握。

画面构图，要根据画面内容选择合适的纸张形状，纸张的大小、形状、质地和颜色等都是画面构图的基础，竖向还是横向构图或者方正构图都有各自的特点。竖向构图庄严宏伟，气势磅礴；横向构图舒展平和，视野开阔，引人遐想；方正构图则规整平稳而不失大气。不同形式的构图适用于表现不同性质的物体。

对于设计表现来说，平面构成的原理对构图都会有所帮助，需要特别指出的是，画面上的正形与负形，虚与实的处理也尤为重要，用笔描绘的部分即是正形，空白和留白的地方就是负形，画面中不仅要处理好着重描绘的正形，也要注重图中不着笔墨的地方，它也是画面的重要组成部分。正与负的对比协调均衡，整体才能美观，很多表现图都存在正负虚实处理不得当的毛病。有些正负形的运用，不仅是对画面构图有所帮助，对设计本身的平面布局也有诸多的指导意义，在表现中轴对称的设计内容时，例如纪念性的广场、林荫大道、规整的大堂等，正形的处理就不能过于相似，将消失点放在中轴线上，会使画面显得呆板，没有生气。另外，一些正负形各占一半或是正形过于相似的构图，都会使画面显得刻板和生硬，当然，如果是有意为之，就另当别论了。

多做平面构成的练习，对画面的布置也会有所帮助，尽量用点线面来简化画面，推敲画面，调整到平衡状态，根据平衡状态去画图，完善点线面上的内容，形成一张构图均衡的表现图，训练以空间的对比、穿插、遮挡、呼应等概念处理画面各种元素，练习取舍，不断寻求最为有效的表达方式。合理的构图能最大限度地展现设计构思，因此构图和构思是息息相关的，可互为影响，前面提到的前、中、背景的处理原则，实际上就是为了拉开空间的前后对比关系，前景概括、中景详尽、背景简化使简单的对比衬托出黑白灰关系，一切造型艺术都应该重视黑白灰的构图感，手绘表现图更要重视背景对于主要表现物体的衬托关系，避免在主体刻画很成功的情况下由于背景处理不当而使画面暗淡无光的状况发生。背景的添加，以模拟环境和烘托氛围为主，要与主体有设计上的联系，不能孤立，处理上也要简洁，将背景中可有可无的物体去掉，以求精练（图4-1）。优秀的构图让人一目了然，快速获得对于设计信息的捕捉，因此主体应尽量与画面其他内容形成光影色调上的对比，使主体明显清晰，轮廓扎实，立体感强，加强视觉上的冲击。如果缺乏色调和深浅的衬托对比，主体和背景就容易融为一体，难以分辨，让人看起来比较吃力。对要表达的主体着重刻画，而对周围环境虚处理，用概括式的表达。一些成熟的构图形式，同样的角度，可以在表现不同场景时重复使用，手绘表现简单来说就是要找到解决问题的模式，这个模式重复使用是没有问题的，用起来越来越熟练。任何正式的图在渲染以前，都应审视是否构图均衡美观，这是不能忽视的一步，即使是草稿，也要养成良好习惯，为后期的工作打下坚实基础。

图4-1

## 二　表现图的画面中心和虚实关系

表现图的终极目的是为设计服务，为设计结果提供一个更加直观的形象，和真正意义上的绘画相比，区别也在于此。传统的绘画只是画家表达个人心境和绘画技巧的一种艺术形式，是纯艺术。而手绘表现图的本质则要服从于服务设计意图这个最根本的要求。因此就画面处理的技巧而言，二者的不同显而易见，纯绘画可以是多姿多彩、天马行空的，而设计表现绘画重点是要表达清楚设计内容，尽量做到写实，而非抽象的和印象的。除了塑造形体的基本技法以外，二者的差别还是很大的。单就一幅画面而言，如果表现某个场景或是某个场景的局部，有的观点认为，应当找出画面的焦点和重点，加以详细刻画，而画面重心以外的东西则可以适当放松，形成主次对比，体现画面的层次关系。作为以表现建筑为主的建筑表现图，这种虚实和对比的技法是完全适用的，特别是建筑单体的表现，可以很好地突出主体，弱化环境，形成视觉焦点（图4-2）。

图4-2

但是室内设计和景观设计的场景表现，不能一概而论。虽然也可以抓住画面重点深刻描绘，但是凡出现在画面里的，都是相关的设计内容，如果时间允许，应该相应予以细致刻画，尽可能地把每个细节清晰呈现，交代完整，更不能为了画面好看而胡乱添加场景中不必要的内容，臆造与场景毫无关系的描绘。

日常工作中要根据实际的需要，确定采用哪种类型来突出设计重点。小场景的表现图，重点地方应该刻画细致，轮廓线坚定明确，明暗转折对比最好强烈一些，虚实形成对比以此体现画面的"趣味中心"；非重点的地方刻画当然是相对重点的"实"而言的，"实"与"虚"之间的差距是多大，恰到好处地处理好它们之间的关系，关系到表现图的效果成败。"实"与"虚"之间的灰色调尤其重要，也就是实与虚之间的过渡关系，过渡的部分合理而恰当，重点与非重点的对比就能恰到好处，重点的"实"不显突兀，非重点的"虚"不显漂浮，整个画面紧凑有节奏感。缺少过渡或是过渡部分处理不好，重点就会非常孤立，非重点起不到衬托作用，整个画面松散而不统一。可见合理而技法成熟的"退晕"描绘是必不可少的。

对于大场景的图，例如鸟瞰图或是景观规划的全景图，由于其场景往往比较大，所以包含的内容多，细节繁复，刻画起来重点与非重点的虚实对比要稍微弱一些，除了保证整体风格一致外，大量的场景面积也决定了不能对某一单个的物体进行细致的描绘，特别是景观规划类的鸟瞰图。粗略刻画场景物体，交代大的明暗关系和特征，是需要把握的原则（图4-3）。重要的是整个画面的细腻程度应统一，包括色调和线稿的详细程度。简略刻画要贯穿始终，不可有的地方画得细致，而有的地方又极简略，造成画面感觉不统一，缺乏整体感。

图4-3

　　画面的各种对比关系，除了虚实对比外，还有一类重要的互动关系，就是画面各元素之间的衬托互补。在具体构图时，要充分利用好这些衬托和互补的手段，以取得更清晰的画面效果。大体来说，表现图的画面层次分前景、中景和背景三个部分，这三个部分相互穿插、相互掩映、层次交叠，形成丰富的空间层次感。作为表现主体的中景，是重点刻画的对象，其明暗的对比应该是最为强烈的，黑白灰的关系尤其明显。切忌在具体表现时出现该亮的地方亮不起来，该暗的地方暗不下去的现象，导致画面灰蒙蒙一片。亮和暗的恰到好处的刻画，是对中间色调极为有力的衬托。中间色调是整幅图最为重要的部分，设计的重点往往放在中间色调上去表现，其占画面的比重也应最大，亮面和暗部的比重相对小一些。也要避免亮暗对比过分强烈的情况出现，否则作为重点的中间色调物体易被"抢"，使过渡不协调，亮和暗的刻画起不到衬托中间色调的作用。

前景和背景大多情况下起丰富主体和衬托中景的作用，其明暗对比稍弱，以强调中景。室内表现图的前景多为装饰性物体，背景多为墙面或通道等界面构筑物，由于空间的局限性，没有室外表现图场景开阔，其色调的深浅对中景的衬托作用没有景观和建筑类那么突出，而装饰材料的质感和色彩的影响要大一些。如果是居住空间的表现图，空间更小，加上墙体的颜色多数较浅，前景和背景的衬托作用就更不明显了。

室外的场景表现，空间开阔，距离感增加，前景、中景和背景的相互衬托作用就比较显著了。景观类和建筑表现的前景，一般是植物，更多是高大乔木的局部，用以框景，引导视线，形成视觉焦点。如果中景的颜色和光线暗一些，色调深一些，则前景的物体就要浅一些；反之亦然，中景色调浅，则前景色调深，形成边缘类似于"画框"的感觉，让看图人的视线自然停留在画面中心的重要物体上（图4-4）。当然，也有的图省略了前景的描绘，只保留中景和背景，使主体更加突出，取得更为开阔的视野效果。

室外的背景，以远处的植物、构筑物和天空为主，按照透视的原理，远处的物体，由于空气的折射，明暗对比和色调要浅很多，因此就背景来说，特别是景观类表现大部分是浅的，所以要形成衬托，中景要相应深一些，这也符合视觉规律。但是，如果中景的物体本身颜色就浅，该如何处理呢？那就需要变通了。建筑类的表现常会碰到此类问题，天空和云的色调可根据需要进行调整，云朵的深浅和形态刻画的自由度是比较大的。浅的中景，可以采用加深天空云朵的色调来形成衬托效果，并且云朵的位置可以根据需要来摆放。当中景的物体比较多时，色调就会有深有浅，这时就要更加注意背景的选择和调整。结构复杂的物体也是如此，由于光线的照射，所呈现出的亮和暗以及阴影的各种变化会使中景产生时而亮时而暗的情形，这对背景的处理手法要求更高，单靠同一种色调的背景来衬托，难免单调，主体难以突出，需依靠天空颜色的变化，植物、山体和人工构筑物的深浅色调调整，来突出主要物体的轮廓，使其更加清晰可见。由此可以看出，对于中景和背景的关系要仔细研究，巧妙构图，浅的地方以深衬托，深的部位用浅对比，场景内容复杂的画面更要如此，多做尝试和选择，总会找到恰当的表现方案，使设计的重点得以突出。

图4-4

# 第五章　关于表现图中的配景

　　配景是表现图中不可缺少的元素，其绘制与布置的详细程度，关系到表现图的最终效果。所有的设计对象，最终都会处于特定的环境之中，而图中环境是由各种配景来体现的，因此除了图像中涉及的主体，作为次要元素的配景的描绘，也会是手绘功力高低的评价标准之一。适当而精彩的配景，会增添设计内容的真实性，还原场景的准确度。把握好配景运用的"度"至关重要，配景的搭配不合理，刻画不够，会使人感觉画面不真实，而过分强调配景和过度表达，又会喧宾夺主，使画面主次不分、凌乱无度。

　　不同类型的表现图，要根据具体需要合理安排配景搭配。繁华的商业街景，宜体现人潮汹涌、热闹而有生气的效果；住宅建筑，不管是高层还是独栋别墅，应以体现安静、宜居的氛围为主；人工的景观效果图，则要尽量体现自然界的元素来满足绿色和谐的心理需求。针对这些不同种类不同需求的表现图特点，需要选择合理到位的元素来组织场景。当然，这种"选择"，要尽可能忠于现实环境，遵循原有的地形地貌和环境特征，也包括当地的地理气候条件，如依山就要交代地形特点，如近水就要展现风水气质，也要有反映其寒、热气候特点的乡土植物搭配，一切从实际出发，才能使表现图的最终效果真实可信。

表现图的配景内容众多，室内与室外差别较大。室内可涉及一些耐荫植物、室内陈设、人物等。室外内容相对要多一些，如天空、云朵、树木、水体、车辆等。所有配景均可根据画面需要，选择合适的刻画精度以及合理的摆放位置。表现图中出现的配景，除了能增强画面的真实感以外，对组织构图和深浅衬托对比等方面也有不可或缺的作用。任何配景的放置，都不应成为阻碍表达设计主体及重点的遮挡物。一般的设计重点要位于画面中心，形成观看的视觉焦点，配景的放置则要避开重心，位于两侧（图5-1）。例如建筑表现的重点在建筑本身，假如画面的重要位置有一棵树，不仅会对构图不利，还会成为顺利表达设计意图的阻碍，应将树放在画面边缘起到框景作用，或放在背景起衬托作用。放置在边缘的树木隔断了向外延伸的建筑物之外的其他物体结构，例如道路等物体，意在诉说设计重点仅限于此，收住观看者的视线。远处的树木则为中景的设计内容布置了背景，与边缘的树木交叠穿插，层次分明。当然，如果是以植物表现为重点的园林景观类的图，则应另当别论，这时植物成为表现的重点，而非配景。

图5-1

　　任何配景，不管是植物、人物或是车辆，放置时不能影响画面的协调平衡，而应尽量做到平衡画面，打破呆板的构图感。或是在左重右轻的画面上添加物体以求平均，或是在高低相当和轮廓线一致的内容旁增加错落有致的线条来打破沉闷刻板的氛围，都是巧妙利用配景弥补画面构图缺陷的事例。具体到不同表现图，还要根据不同的需要进行处理，不能机械理解，千篇一律，宜多做比较，方能得到合理的构图效果。

# 第六章　与表现图有关的色彩的基础知识

　　缺乏色彩的参与，表现图的表达力度会欠缺很多，画面的说服力总会没有底气，诸多材质应有的光泽和质感难以只采用黑白关系来表达。表现图的色彩，都是在线稿绘制完成的基础上添加，上色的工具可以是水彩、水粉、彩铅和马克笔等。早期的中国艺术设计教育，由于没有电脑辅助设计的参与，做方案时都是采用手绘的方式，材料工具也相当有限，几把界尺，几盒水粉颜料，便可以完成效果图的绘制。水粉和水彩颜色均需现调，比较麻烦。此后电脑绘图的应用逐渐兴起，快速取代了手工绘图。但近几年由于对手绘功底的重视和设计类专业考研快题的表现要求，又使手绘的练习回到比较重要的地位。同时，马克笔的应用也被逐渐推广，并伴随手绘热潮的兴起而被广泛使用。其优点是不用现调颜色，各种颜色对应相应的编号，随取随用，且色彩丰富，可节省大量的时间。因此设计表现领域内目前使用最多的是马克笔，当然也有人坚持使用水彩进行渲染，得到的画面效果通透有灵性，二者相比虽有差别，但颜色特性均是透明度比较高，绘制完成后色彩鲜艳度不会变。

　　不管使用哪种工具上色，想要得到满意的效果和真实度较高的画面质量，首先要对色彩的基础知识有正确的认识。色彩来自光线，即光的照射。光线中包括七种不同色彩的色光，由红、橙、黄、绿、青、蓝、紫七色组成。物体所表现出来的颜色，是其反射了其中某些色光所致。而其余的色光被吸收了。白色则是物体将七种色光全部反射了出来，而黑色则恰恰相反，是吸收了全部七种色光。物体对光的吸收反射并非绝对吸收或是反射某种色光，因此自然界中并非只有七种纯的颜色，而是色彩丰富、千变万化、绚丽多姿的。接受过美术教育的人都知道一句话：色彩运用凭感觉。说明在具体的绘画中对色彩的捕捉，感觉是很重要的。色彩感觉虽说重要，但仅凭感觉处理表现图的色彩关系是不够的，还必须懂得色彩的基本规律和原理，才能更好地驾驭和理解它，在具体工作中为运用自如的色彩调配打好基础。

色彩具备三个基本要素，即色相、明度和纯度。这三个要素相互依存、相互制约，谈某种色彩时总会围绕这三个方面进行论述和分析，任何一个要素的改变都会引起色彩性质的改变。色相就是色彩的相貌，不同的颜色呈现出不同的相貌，如黄、绿、蓝等颜色的名称，是色彩最为明显的特征，是一种颜色区别于另一种颜色的表面特性。"树叶是绿色的""天空是蓝色的""花朵是红色的"等就是对色相的描述。明度，是指色彩的明暗程度、深浅程度，相当于单色的素描因素。最易理解的明度是相似色的明暗比较，例如深红与浅红、深蓝与浅蓝。不同色的明度也存在差异，黄色的明度一般是最高的，也就是说它比较显眼，很多指示牌、警示牌以及野外作业的服装颜色多数是黄色系，就是利用其明度高，易被人注意到的特点引起人们的警觉。橙、绿、红色则依次较暗，紫色最暗。纯度，是指颜色的纯净和混浊程度，即色彩的饱和度。未经调配的颜色纯度最高，也就是标准色，没有黑白或其他颜色掺入。如果有其他颜色加入标准色，其纯度就降低了。高纯度的色彩较艳丽、鲜明、突出，低纯度的色彩灰暗、柔和。色彩的这些特性导致了在实际使用中千变万化的效果。

色彩中最基本的三种颜色为红、黄、蓝，称为三原色，是最基本的颜色。三原色之间按照一定的比例混合就可以调出任何我们想要的颜色，而三原色却无法通过调和得到。三原色当中任何两种等量混合调出的颜色，我们称之为间色。例如红色和黄色等量混合，可得橙色；黄色和蓝色等量调和可得绿色；红色和蓝色等量调和可得紫色。这橙、绿、紫三色便是间色。用两种间色调和得到的颜色则是复色，复色是一种灰性色彩，应用比较广泛。

　　色彩的配合既要有对比，又要调和，搭配得当，才能给人以美感，这也是处理画面最常用的手法。任何画面，不管是纯绘画还是设计表现图，凡成熟的绘画者，都力求让画面在局部是对比的，而整体又是调和的、统一的。色彩的对比主要是研究色与色之间的相互关系，两种颜色放在一起时所产生的视觉感受和变化。对比的形式多种多样，其中最简单也最容易的一种，便是色相对比。不同色相的颜色放在一起时，会令视觉产生相应的变化，使某一种颜色偏向其他颜色，例如红色与紫色放在一起时，感觉红色会略带橙色，而紫色则略带青蓝色，即各自增强了双方的补色成分，形成了视觉上微弱的差异。将同一种颜色放置在不同的背景颜色上时，也会产生偏色现象，这些都是利用色相对比得到的视觉变化来丰富画面。明度对比是指颜色的素描关系对比，相似颜色不同深浅的对比，或者不同颜色的不同深浅对比，都是明度的对比。将深色与浅色并置，深的更深，浅的更浅。将同一颜色放置在不同深浅的背景色上，也会产生不同深浅视觉上的变化。强弱的明度对比，对增强色彩的层次和节奏具有很好的作用。纯度的对比对突出主体，强调重点也是极为有效的，低纯度的颜色与高纯度的颜色比较，灰的更灰，明的更明，在表现图中强调重点内容，宜用纯度稍高的颜色对比灰一些的颜色，使主次分明，画面协调。

　　色彩的冷暖关系分析，对表现图的色彩表达塑造提升也是很重要的。根据来自自然界的视觉经验，颜色会有冷色与暖色的差别，红、橙、黄等给人以温暖的感觉，而绿、蓝、紫等则让人感到寒冷。冷暖的对比是画面的精华，可表现出耐人寻味的色彩变化。在暖色周围布置冷色，可使暖色更暖、冷色更冷。因为冷暖色的界定并非绝对，而是相对的，在色彩相互关系中需取得平衡。运用冷暖色对比时应把握主次。在表现图中使用对比更应注意，大体色调定好以后，在选择颜色时要根据整体色调协调运用，来突出主色调。

还有一种常用的色彩对比——补色对比。将三原色中的任何两种调和为间色，这种间色就是另一种原色的补色。如橙色与蓝色、绿色与红色等，其对比的效果是最为强烈的。具体用时可将补色的纯度和明度进行适当的调节，使画面和谐，把握好面积、用量等方面的主次，来配合表现图的主体色调。灵活而恰当地运用各类对比关系，可达到塑造主体部分、减弱次要部分的作用，并能最大程度地丰富画面的艺术效果。

除了对比是比较重要的色彩知识外，色彩的调和也是必须掌握的一种方法。所谓调和就是将近似的基调统一，几种颜色放在一起，能够统一在一个基调之中和谐共存。简单来说，各种色彩在纯度和明度、色相上都比较接近、比较容易调和。色谱上的颜色都是按照顺序从冷到暖排列的，除了对比色以外，相邻或相近位置的颜色一般为调和色，这些颜色组成的画面较单纯、柔和。另外，如果画面的冷暖、补色对比过于强烈，可加入中性色进行调和，以缓解强刺激的对比。

在各类表现图的真实运用中，画面总要设定一个光源，也就是固定的光线方向，因此画面上除了物体本身的颜色之外，都或多或少受到其他环境的影响，这个影响来自光源和其他物体的反光。我们将这些相互影响的色彩称为固有色、光源色和环境色。可以这样来理解，某个物体处于环境中，受到光源的照射，其表面会受光源色的影响，而周围环境也受光，环境的反光也会对物体颜色造成影响。因此在刻画某个物体时，除了物体本身的固有色，还应包括光源色和环境色的成分。在设定颜色之前，必须提前分析画面所处的环境的影响，不能简单地把什么颜色的物体画成什么颜色，而忽略环境光的影响，使其单调乏味。一般来说，光源色通过光线照射作用于物体，大多来自灯具照明，灯泡的照射颜色决定了光源色偏暖还是偏冷。居室的色调一般偏暖，也就间接说明光源色来自暖色的灯光，室内的物体受光面多是偏暖的黄色调。而室外则不同，室外的光线一是日光，二是天空光。日光即太阳光，一般偏暖，并且随早、中、晚时间段不同而有所差异，诸多风景写生中黄昏的色调和早晨的色调差别明显就是很有力的证明。天空光一般偏冷，是由天空折射而来，天空晴朗时有淡淡的蓝色，要注意这些细微的差别。需要指出的是，暖光的投影多为冷色调，冷光的投影多为暖色调，当然，也要注意投影接受物体的固有色。

环境光的影响主要作用于物体背光的部分。来自其他物体的反光，也即其他物体的颜色在光的照射下会对相邻物体造成影响，使某物体的暗部偏向某种色调。

光源色和环境色虽能影响物体表现的颜色，但其影响终归是有限的，还要以物体的固有色为主，不可过分强调光源色和环境色，否则画面容易失真，脱离现实，不能准确表现设计对象的颜色、质感等基本特征。

# 第七章　主流技法简介

在前面的几章中，我们对涉及表现图绘制的基础内容做了阐述，就透视、构图、色彩等的应用做了分析，大体了解了手绘表现图的基本原理。基础决定高度，正确地掌握表现原理是后期学习手绘图的先决条件，这些原理对任何类型的表现图来说都是适用的。纵观手绘表现图的历史，不难发现，其表达的技法多种多样，丰富多彩，有以铅笔为主的技法，也有以钢笔为主的技法，早期的渲染上色多依靠水彩和水粉，马克笔传入中国以后，由于其颜色鲜艳多样、色彩丰富、价格适中而广泛受到欢迎。目前主流的表现技法的上色工具，还是以马克笔为主，彩铅为辅，二者相结合可描绘出较细腻的细节特征，其他上色工具的使用已经不多。但即使是钢笔加马克笔或是钢笔加彩铅的技法也是自以前老的技法上演变而来，本质的东西不会改变，因此其基础原理都是相通的。正确地掌握了原理，会收到事半功倍的效果，现代的设计表现要求符合现代的社会发展节奏，既要准确到位地表现传达设计意图，又要节省时间，省事省力，满足现代社会快节奏的需求，熟练掌握主流技法，不断加以练习，方能适应社会需求，逐渐完善自身的手绘技巧。

# 一　表现图线稿简述

钢笔墨线的线条颜色不存在深浅变化，只有线条粗细的差异，在表现物体明暗结构时，依靠的是线条的疏密排列和组织，因此画线和用什么类型的线来组织画面是钢笔线稿的基本功。按照线的练习方法和正确的姿势去实践，相信会对线条的掌握有很大帮助。需要指出的是，对线条这种基本功的练习，不能一蹴而就，要长期坚持不懈，反复练习，才能收到良好的效果。线条掌握熟练以后，关键的就是怎么具体运用线条了。在线稿描绘的场景中，有些物体的刻画只需要交代轮廓就够了，明暗关系靠后期上色来完成。但有的较细致的图，在线稿阶段也要大体说明亮暗的关系、光影的效果等，这时候单靠一条线是无法表达清楚的，因此必须学会把线条以某种形式组织在一起，形成各种灰色的面，以此表达暗部特征和质感。这些线的组合有着多种多样的形式，以配合不同材质质感和特征的表现（图7-1）。

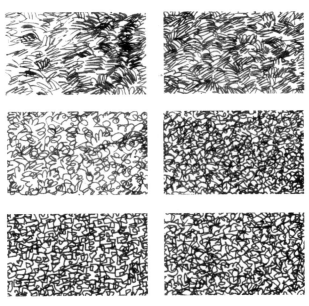

图7-1

密集的线条排列表明此面较暗，稀疏的线条组合则预示着此面稍亮。线稿的刻画重点仍然是在暗部，暗部的色调质感和细节都是靠钢笔的线条组合来表现，这决定了钢笔线稿如要达到某种水平，必须要熟练地运用好各种线条组合，针对不同的肌理运用合适的表现方法，其丰富的程度能体现出线条技巧的极大魅力。像是植物等自然生物体的明暗描绘，由于其结构复杂，规律不好掌握，纯线条表现除了把握好大的外形轮廓外，还有诸多明暗、受光背光的细节需要捕捉，难度相对较大。而一些建筑的或构筑物等的人造物，欲要结构规整，可用比较规整的线条组合来表现，难度相对要小些。无论哪种线条组合，必须要经过大量的练习运用，才能得到熟能生巧的效果。

室内手绘图的线稿，大多以直线为主，少数造型会有曲线，居室布艺可用到柔软线条，如沙发和卧室内床品描绘，需放松运笔，体现舒适感觉，其他橱柜等家具，则需线条犀利刚硬。一些界面的分隔线与布艺线条恰恰相反，要肯定、确切，有时前景点缀的地方也会用到植物的特征刻画，多为阔叶植物和散尾葵类，但此类配景在室内表现图中不属重点，刻画时与整体画面风格协调即可。室内表现的重点是如何在线稿阶段建立起大的明暗关系和各类材质的特征，以及空间的转折和前后穿插层次关系，为后期上色打好基础做好准备。

徒手室内表现图的绘制，要求具备扎实的线条基本功，除了较长的线要借助工具完成外，其他短线最好纯手工来完成，徒手的线最大优势就是能体现出手绘的感觉与气质，并且此类画法一般不需要铅笔起稿，直接钢笔上手，因此必须熟练掌握透视规律，牢记构图原则。可用小的构图稿来衡量构图和透视上的合理性，找到合适的角度和画面的平衡性之后直接动手绘制。首先应根据图面大小，在绘图纸上定好布局，把视平线高度和透视点明确好，保证大的绘图关系在可控的范围内。正式的绘图依照个人习惯，可以先从局部入手，逐渐扩大，或者先从整体入手，画好关键线条，例如界面的分隔转折线、大的家具的透视线等，然后再填充细节，逐步明确物体材料质感、明暗等关系。但无论从哪里入手，视线都不能死盯在局部，一定时刻注意大的透视关系和节奏，厘清刻画表现的重点，形成前后虚实的层次关系。由于室内透视视角的关系，前后的物体会形成遮挡，所以开始时应该首先画前面的物体，前面的物体画好后再按照其他物体的大小比例关系逐渐向后推，完成其他物体的刻画。遇到质感细腻的物体一定要细心刻画，在这个过程中时刻注意透视关系的准确性。墙面的装饰和本身的材料质感描绘要在墙体线完成之后再进行细致深入的交代，如挂画、墙面材料的分格等。吊灯、植物等配景要运笔放松，力度不能过重。所有物体在描绘完成以后，要把画面的黑白灰关系调整一下，使画面重点突出，前后空间关系更加明确，另外一些装饰的细部也可再根据需要进行细致的修饰，把画面变得更加丰富（图7-2）。

图7-2

特别需要强调的一点，就是室内某些物体的投影的处理方法，面积稍大的投影，不要处理得太极端，色调不能画太深，这在构图时最好先解决，尽量不要使大面积的阴影出现在画面上。前面讲过，低视点构图可解决这类问题，其投影形状都比较窄，或是只在家具的最下边地面上形成投影，窄的投影处理起来相对容易，排列密集的线条可以达到效果，但也要有色调深浅的变化使投影透气，不至于感到"闷"。能暗下去的地方不要含糊，色调要重，因为这是整个画面最深的颜色，黑白灰关系拉得开，才能更好地突出作为画面重点的灰色调。

线稿的设计之初，就要为后期上色留出空间，太过细致的线稿，明暗、细节等已经处理得足够详细，颜色发挥作用的空间无形中被缩小了，所以有的写实的细致线稿上色后反而效果不好。较多的线条排列是细致刻画的基础，当然也会使画面偏灰，使黑白灰关系变得暗淡，同时也会导致本来透明透气的颜色变脏，色彩本身的通透属性被掩盖，对单纯的颜色和详细线稿都是不利的。因此对后期上色的室内线稿，在绘图之初就要定好画面的细致程度，这样既节省了时间，得到的效果也能让人满意。

如果在线稿阶段对于表现图的刻画中心和重点交代得不是很明确，或者说线稿表现的各部分结构和物体的详细程度难以区分，那么后期则需要用颜色来营造一个画面的视觉中心，充分运用色彩、对比调和等技法，使画面写实而有表现力。技法掌握熟练与否，画面的效果会截然不同，手绘表现图就是比拼细节处理能力和整体画面协调能力的手上功夫，既然是"功夫"，则需要花大量时间去实践，在实践的过程中逐渐形成一种模式和程式，把它熟记于胸，在用到时能随时拿出来用，节省时间的同时效果也能出众。例如沙发的刻画，在练习过程中要有意识地分析，怎么用线条，它柔软舒适的感觉才能被画出来；怎么上色，才能体现出明暗关系和色调协调，哪种角度的透视关系是经常用到的（图7-3）。从最初的临摹到后期的创作，每画完一张图，都要分析，抓住本质，然后牢记，形成良好的习惯以后，自然就会掌握画图的规律。

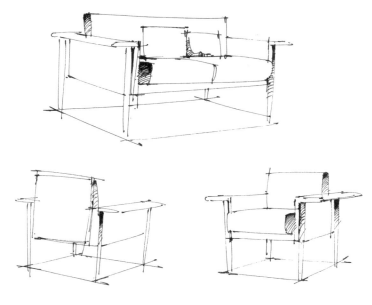

图7-3

　　室内设计中经常会用到的材质，也要逐类分析，总结特征和特点，找到最合理的表现方法。界面的材料在室内图中占的比重比较大，像地面的瓷砖和各类石材、墙面的各类装饰面板等，这些材质单靠线稿的描绘很难一步到位，必须依靠后期的色彩渲染效果来体现特征。因此这些界面材质的刻画，在线稿阶段一定要充分考虑到色彩的介入带来的明暗变化和气氛烘托。木质材料和布艺等软性材料也是主要的室内材料，与石材和墙面等硬、亮的特征不同，它们的表现要注重舒适和温暖感觉的营造。马克笔在后期上色阶段，有时要体现硬朗和反光等质感，要求笔触犀利、果决、干脆利落，而表现木制家具和软装时，则要运笔柔和。当然，还有很多材质在室内表现图中都会用到，如玻璃、镜面等，此处不一一列举，后面会有详细的画法介绍。

## 二 钢笔墨线搭配马克笔：主流表现技法

室外的表现图大体可分为三种：景观类、建筑类和规划类，这三类表现图由于都位于户外，光源是相同的，光线的分布和形体的明暗构成有很多相似之处，不同的是所表达的画面重点不一样，这就决定了对不同的物体刻画在练习的过程中要均衡对待，尽量不留弱项。构筑物能精准表达，而植物却不能精彩刻画，画面就不能均衡，详细程度差异太大，造成的后果是极不协调的，给人虎头蛇尾的感觉。日常的训练中要针对自己的弱项进行专门的练习，越是感觉自己画不好的物体，越要集中精力多加练习，假以时日，会发现在不断的练习中，已经悄然掌握了常用物体的绘画技巧，画面风格的统一与协调，建立在对构成画面的各类元素的成熟驾驭的基础上。室外透视图与室内透视图相比，其透视的规律略有不同，以立方体为例，室内透视图犹如在立方体内部观察物体，而室外透视图则是从立方体的外面审视立方体，除了鸟瞰图以外，多是用一点透视和两点透视的角度来表现，建筑类的图透视关系比较容易捕捉，因为建筑本身以方体居多，透视关系很容易就能明确。而有一些景观类的图，以植物表现为主，则要经过一系列分析，才能确定其透视关系，例如通过地面铺装的分格线、小构筑物的透视角度等，都可以辅助确定透视关系（图7-4）。植物的生长有高有低，结构不规则，很难凭借其形状确定画面的透视关系，但这并不是说景观类的植物表现就可以随意而作，不受约束。严格来讲，它仍然要遵循画面的整体透视规律，特别是一些成行成列规则种植的物种，例如树阵、行道树等，其树冠最高点和最低点的连线总要指向消失点。各类植物的刻画是景观类表现图的重点，由于其生物体不规则的生长结构，想要熟练地掌握不同种类的植物画法，并非易事。仅用一支钢笔，依靠线条的变化，来刻画不同的植物特征，是需要深厚的基本功做基础的，敏锐的观察力也必不可少。植物要画得"像"，不匠气，首先要搞清楚其生长结构特征，它是怎么生长的，树冠和树干的比例是怎样的，南方与北方的植物种类特征哪些地方不一样，树叶是什么形状的，都需要细致的观察力。搞清楚结构才能画出本质的感觉，植物的钢笔线条画法，尽量不要采用线描技法，避免去抓小特征，而应该采取概括画法和明暗画法。

**图7-4**

　　比如用钢笔刻画一棵树的时候，不必把这棵树的树叶全部画出来，而首先应该明确的是光线的来源和方向，确定树冠的亮部和暗部，哪里受光，哪里不受光，受光的部位不用刻画或者少用笔墨，而是把重点放在不受光的部位，然后结合概括画法，把树叶的特征在暗部表现出来。当然，树的外轮廓在交代时也要结合树叶的特征确定用哪种钢笔线条方法。不同类型的树，它们树叶形状的大小、疏密都不一样，有阔叶，有针叶，有常绿树，有落叶树，有竹类等，要区别对待，不可一概而论。这种根据特征不同而选择不同画法的方式，可以扩展到其他植物的表现上，比如灌木类和经过修剪的植物的刻画，地被类植物的刻画等，道理都是相同的（图7-5）。

图7-5

　　同室内表现图一样，景观建筑类的表现图在起稿时也要首先明确透视关系，包括视平线高度和透视点位置，合理地安排好画面构图，以小的草稿来审视大图，在绘制正式图时一般不容易出错。其次是在处理细节上要详尽到什么程度，如果是鸟瞰图，特别是大场景的规划图，则不需要很详细的刻画，保证画面大的形体关系即可。室外表现图的空间距离有时很大，需要特别注意前后虚实关系的处理，前景与背景中的物体刻画方法应有差异，借以体现这种距离感。建筑类表现图一般会有明确的透视关系，表达的设计重点也较容易抓住，除了建筑本身以外，其他都是配景，都为建筑效果服务。现代建筑的构成材料极其丰富，传统的砖、石、木等是常见的材质，玻璃、钢材、混凝土等是现代材料，除此之外还有很多类似金属的新型材料等，品类众多，要想真实表达建筑的可信度，对这些材料的细致描绘至关重要，粗糙的、细腻的、通透的等，单靠前期线稿很难达到预期效果，后期的上色渲染是十分必要的。大型建筑有时难免碰到大面积的墙面，不管这种墙面是什么材质，在钢笔线条阶段一定要注意不要全部刻画，而是根据这个墙面所处的画面位置是否在画面表达重点上等，来进行相应的概括描绘，交代局部特征。画面重心处要详细刻画，往画面边缘则逐渐淡化，既有利构图，又突出重点，也便于避免大面积刻画同一种材质带来的呆板感觉，因此掌握退晕画法是极为重要的，以砖墙为例，明确了明暗关系后，将重点放在暗部，受光的亮部则简单交代即可。砖块的特征是由于烧制温度和材料的原因，颜色深浅稍有不同，在墙面上按砖块的比例分好格，挑选一些格子用细线条进行填充，疏密不等，以体现颜色深浅的差异。线条要干净利落，填充完整，让整个画面看起来规整结实，然后往画面次要位置开始退晕，找出暗部丰富的细节变化（图7-6）。前面提到过，退晕是由于环境反光等原因所致，并非单纯是由于画面的需要和构图的美观需求。熟练地掌握各种材质的表现方法，才能画好建筑表现图，对于粗糙的建筑材料在上色时可结合多种上色工具来表达，纯用马克笔只能铺大色调，结合彩铅或者普通铅笔、高光笔等，可以表现粗糙的颗粒感，还能形成柔和的过渡。这种马克笔结合彩铅的技法在很多场景中都可以发挥重要的作用，可使生硬的两种颜色得到很好的过渡，同时能掩盖马克笔过于犀利的笔触。

图7-6

掌握了诸多建筑材料的绘制方法，景观表现图里的常用材料也就都会画了，两者的区别并不大，所不同的是景观类表现除了人工构筑物的材料，还有很多天然材质需要掌握，例如天空、水体、天然石等物体，这些都有可能是画面的主体。景观类的图，比较关键的一点是处理好画面里相互之间联系紧密的内容，它们是依靠钢笔线条有机地组织在一起，穿插交接相互影响，各自独立又密切联系，形成了画面美感和统一性，但若有的物体用笔方法和其他不一样，造成画面有的地方严谨细腻，有的地方又粗犷不羁，这会破坏画面的统一性。所以建议初学者在学习模仿的过程中，尽量找风格类似的图来临摹，以便画风统一，增强辨识度。

无论室内还是室外表现图，线稿绘制好以后，由于钢笔和墨水的特性，画面只存在黑白两种色调，中间色调会被强烈的黑白削弱。钢笔线条营造出来的是黑白对比的两种基本色调，对于"灰"色调的刻画并非钢笔所擅长，大量的中间色调细节只用钢笔是无法描绘的，而这些恰恰是设计表现不可或缺的部分，这也决定了在钢笔线条阶段只能采用概括画法来表达物体，而极其细微的变化则很难表达，有时只能舍去，这是钢笔线条的局限性。这些丢失掉的细节，有时也很重要，然而后期的上色为找回这些细节带来了可能性。

目前市场上用于表现图的主流上色工具，可能就是马克笔了。不用调色，携带方便，快速干透，对纸张要求不高是其特点。马克笔又分为水性和油性马克笔，水性的笔在颜色干透后会偏灰，并不好掌握其特性，应用度不如油性笔。油性马克笔能快速干透，而且耐水、耐光性都相当好，颜色通透鲜亮，应用非常广泛。马克笔品牌众多，国内国外均有生产，日本、美国产的马克笔价格略贵，韩国的品牌价格较适中，颜色也较好，近年来使用得比较多。马克笔的色彩种类繁多，可达上百种，能满足日常使用。按照色彩的不同，可以划分为几个系列，其中使用最多的是不同色阶的灰色系列。位于马克笔两端的，是粗细不同的两个笔头，根据需要可绘制粗细不同的线条。如果单纯依靠比较宽的笔头绘画，将笔不同程度地旋转，也会得到粗细不同的线条笔触。绘制完成的室内外表现图线稿，用马克笔上色，颜色与墨线互不遮掩，色块对比强烈，并且马克笔本身的笔触带有很强的形式感和美感，在表现某些材质时有得天独厚的优势，例如石材抛光面的亮和硬的犀利感就需要马克笔清晰的笔触边界。用马克笔绘成的色块会随运笔快慢而呈现出颜色深浅的变化，运笔慢则色深，运笔快则色浅，熟练地掌握这种笔性，可得到深浅不一富有细节变化的丰富块面，从而打破平涂块面带来的呆板感觉。同时多种颜色的叠加也是没有问题的，但这要求用到较厚的纸张。彩铅可结合马克笔作为辅助上色的工具来使用，一些细微的颜色变化和退晕等，要依靠彩铅来完成，细腻的色块是精细图面不可缺少的标准，彩铅是此时较好的选择。在购买彩铅时应尽量选择含蜡较少的水性彩铅，这种彩铅易进行详细的刻画，能深入地表现物体。含蜡多的彩铅在涂抹一遍后，很难再在其上添加其他颜色，蜡的覆盖使彩铅的附着力降低。还有一种经常会用到的辅助工具——高光笔，可以用来提亮，绘制某些材质的高光，比如石材、地板或抛光瓷砖的接缝处，为了体现地面的分格线和其本身的硬亮质感，会用到较细的高光笔画出白线来提亮，整个画面在添加高光后感觉就不一样了，会精神很多。另外，高光笔因为含有类似涂改液的液体，可以用来覆盖和修改画面上需要改动的地方。

　　钢笔线条自身的表现力度，须靠勤奋练习，要做到线条力透纸背，除了正确的对线条的认识外，大量实践才是展现深厚功力的基础，多看多画多积累，数量达到了，质量就会整体提升，在这条路上没有捷径可走。偷懒的人，从来画不好手绘，只有不知疲倦长年累月地练习，才有可能把线条运用得游刃有余。最初的练习，大都从临摹和模仿开始，初学者在挑选临摹对象时，应该尽量找画面精细的图来画，找到自己喜欢的画风，仔细观察认真临摹，怎样用笔怎样构图，要完全吃透和理解，不要闷着头硬画，画完一定要养成总结的习惯，图背后的本质是什么？掌握这个本质，然后忘记图面，长此以往，随着自己技法的成熟，会逐渐形成自己的风格。同时一定要尝试不同类型的表现图练习，室内、室外的图都要均衡掌握，尽量不留弱项。练习时为了避免枯燥，可以交替进行，使自己全面进步，不留死角。另外，如果条件允许，要多做写生训练，写生是把临摹学到的技法用于实践的最有效途径，对提高深化技法成熟度非常有效果。

钢笔线条加马克笔的技法，是目前最主流和常见的表现设计意向的方法，马克笔的颜色特性类似于水彩，明快、通透、鲜艳，而纯的钢笔线条又有清晰、肯定、有力度的特点，这两个元素相互结合，都能扬长补短，呈现自身优点长处。设计表现图所需要的色彩、质感体现，形体和空间层次表达，在这种技法的渲染下都能取得不错的效果，并且这种效果根据需要可以做到可细腻可粗犷，既能表现单张效果的精细，也能表现规划图那样简略的刻画。每个时代的艺术设计发展，都带有各自明显的特征，从以前的水粉、界尺、喷笔绘图，到今天的马克笔表现或是手绘与电脑的结合表达，都是时代发展的结果。手绘表现图和其他事物一样，不会停下脚步，它会继续发展完善，以自己的方式彰显艺术设计的魅力。

# 第八章　黑白世界：钢笔线稿的魅力

　　纯黑白的钢笔线稿图，具有强烈的表现力，其流畅的线条和黑白的碰撞对比，本身就是完美的绘画形式。与铅笔素描相比，它舍弃了烦琐的细节变化，突出对比，极易形成引人注目的视觉焦点。在把握好黑白对比的大前提下，兼顾中间层次和灰色部分是使画面更加耐人寻味的灵魂所在。优秀的钢笔线稿都是线条流畅，笔墨自然，韵律节奏感强烈，要做到这一点，除了坚实的线条绘制基础外，还要对所表达的物体进行深入观察，了解结构特征和比例，做到成竹在胸，画面才能一气呵成。

　　作为初学者，一定要明确画面的各种透视要素之后再着手画图。一般是先勾勒大轮廓，确定好各物体之间的比例、位置、遮挡关系后，再进行细致的深入刻画。在处理细节的过程中，依据表现对象的结构、质感，结合大的光影关系，来选用不同形式的线条组合进行描绘。这些线条组合对画面的艺术效果影响极大，轻重快慢、顿挫缓急的不同画线技法都会对图面内容表达产生影响，所以不要轻视这种由水平线、垂直线、交叉线甚至是乱线组合在一起的线条。针对不同的表现对象，择优运用粗细、长短、疏密、曲直等的不同组合形式，才能取得预期的效果，而所有这一切，都必须以熟练掌握画线的技巧为基础。

# 一　线条基本技法

　　造型艺术中线条是重要的元素之一，它貌似简单，实则刚劲柔美，包含了轻重曲直、抑扬顿挫，并且千变万化，独具魅力。作为手绘效果图最重要的基础技法，线条的运用对一幅成熟的表现图来说更是至关重要的，不管是物体的轮廓还是内部细节，都需要通过线条的描绘来完成。线条的运用是否熟练合理，关系到效果图的表达是否到位。对线的使用，古人更讲究，国画里关于画线的技法早有论述，并且理论成熟，多姿多彩，虽然与现代相比使用的工具不同，软笔与硬笔有差异，但线条作为一种基本功的重要性是相同的。手绘所用的线条技法，其实是由日常在绘制表现图的过程中积累的经验总结而来。钢笔线稿加马克笔上色是目前较主流的表现技法之一，钢笔线条的练习，前面也已论述过，想要得到流畅耐看的钢笔线稿，一支好用的钢笔必不可少，画线流畅与否是判断一支钢笔的好用标准之一。如果钢笔在使用过程中出现"断线"的状况，那么必然会对画面效果和物体刻画造成影响，也会间接影响作画者的情绪。工欲善其事，必先利其器，顺手的绘画工具是要依靠个人经验来判断的，比如有人习惯用一次性的中性笔，因为其下笔流畅，从不断线，且粗细可依据型号来选择，也是比较受欢迎的。但中性笔与纸接触时的摩擦力稍微小一些，比较滑，与钢笔相比手感不一样。个人认为美工笔是比较好的选择，其宽笔头可描绘粗线，利于暗部和阴影的刻画，反过来细笔头也能流畅画线，目前市面上美工笔种类很多，但用反尖能画细线的笔却不容易找到。普通钢笔在使用过程中，会碰到细节描绘的问题，因此可根据需要多备几支，画粗线的用来勾勒轮廓，画细线的用来刻画细部，交替使用能增强画面的层次感，要知道好的线稿是后期上色的基础，是效果突出与否的关键部分。钢笔的笔头不像中性笔，没有小钢珠在里面转，与纸接触时的摩擦力要大，画线的力度与中性笔相比有所差异，对于徒手画线来说，二者在实际使用中手感略有不同。

　　提到钢笔，不得不说的一点便是钢笔墨水，好的墨水，应该颜色黑，有光泽，无异味，能快速干透，同时不糊笔头，下墨流畅。有的劣质墨水在夏天或有风的环境里特别容易发干而堵塞笔头。也有的墨水与马克笔的颜色相融，在马克笔上色时，笔触扫过钢笔墨线便是漆黑一片，导致画面变脏，影响整体效果。因此最好选择质量好一点的墨水。另外就是纸张，钢笔加马克笔的技法对纸张也有一定要求，纸张的质地太粗糙和太细腻光滑都不合适，粗糙的纸面容易挂笔头，画几笔，笔尖便聚集了一堆纸屑，需定时清理，极为不便。纸张太光滑，其吸收颜色的性能就差一些，墨线也干得较慢，容易弄脏画面。目前市面上有专门为马克笔准备的纸张，价格略高，一般的绘图纸也可以用，但不应带纹理。初学者可以放弃用价格较高的纸张，普通的打印纸就足够了，但也要注意在选择打印纸时要看清包装上注明的克数，尽量用克数高一些的打印纸，它的厚度要大一些，利于马克笔颜色的吸收。正规的工程图纸的绘制，需用针管笔，粗细都有型号可选，但手绘表现图中不常用。

　　除了顺手的画线工具外，良好的画线习惯、正确的画线姿势等都是决定线条力度和流畅与否的关键因素。从大的方面来讲，不管哪种风格的线，画线速度快也好慢也好，想要画出平直有力的线，首先需要有正确的画线姿势。画线用的纸张放置在桌子上时，要摆正，不能斜放，这样一眼便能看出画出的线是否平直，另外纸张的边线都是平直的，横竖成九十度角，是天然的辅助参照工具。关于坐姿，画线时身体须坐正，使身体与放在桌上的纸相互平行。小时候写字留下的斜着身子斜着放纸的习惯要予以纠正。手臂要做到自然下垂，前臂与桌面尽量垂直，胳膊肘不能"往外拐"，手轻轻拿笔，不需要用力握住，能拿住即可，放松手臂，流畅的线条会跃然纸上。另外，需要根据线条的长短确定手臂的移动方法，如线条较长，就要以肩关节为轴，平移整个手臂，长线条就能控制好，如线条稍短，则只需以肘关节为轴，移动前臂。当然这些都只是画好直线的辅助方法，具体在运用中，还要依据个人习惯和需要适当进行调整。

　　灵活地掌握各类线条，使绘制出的线条在表现过程中具有轻重缓急、疏密有致、粗细得当等质感变化。在具体的空间表达中，空间的界限与尺度是依靠线条的长短去表现的，其疏密则能反映亮暗关系和光线照射方向。因此，掌握线的绘制是初学者快速提高手绘表现能力至关重要的第一步，各类线的熟练运用和系统地厘清各类线的表现特性是必不可少的基础。想要画出线的美感，体现线的生命力和活力，需要做大量的练习以及总结，宜从单纯的线的分类开始练起，诸如直线、曲线、弧线、圆以及长线、短线、间隔线、快线、慢线等，单纯的线条在熟练之后，可将线条运用到空间的练习中，利用线条的长短、疏密去控制空间的明暗关系和节奏，感受线条的轻重缓急、快慢力度和起伏变化以及不同的线条组合等产生的不同的画面效果，在实际运用中体会不同线条对空间氛围的表达影响（图8-1）。

图8-1

　　直线的练习是各类线条的实践中最为重要的，因其是手绘表现中最为常见的，并且设计图中多数物体均由直线构成，所以直线是所有线条的预修课程和基础，重要性不言而喻。掌握了直线的画法，对其他线条的学习会起到事半功倍的效果。画出的直线一定要直，不能弯曲，使人曲解设计意图，并且干脆利落而富有力度，构成物体的直线有长有短，在练习过程中要逐渐加大难度，增加线的长度和画线速度，循序渐进，尽量多练习，由量到质，逐步提高画线能力，不能盲目求快而沉不住气，应把画线作为一项长期项目而坚持练习，利用闲暇时间见缝插针，日积月累，时间久了，定会见到成效。

　　直线线条要连贯，不要犹豫和停歇，除非有意这么做，更要记住不要来回重复一条线，如果笔不好用，不够流畅，中间出现断线的情况，则要重新画一条，不要在原来的地方试图接好。如遇排线，要记住遵循透视规律和物体结构去表现。线与线之间的交接，应该相接并适当延长，这样既可以清楚正确地呈现设计目的，又能使画面有手绘的感觉和厚重感，虚实处理上，实处宜采用此方法，而虚处则要适当留白，将线断开。

　　直线在绘写过程中，均存在起笔和收笔两个步骤，为了找准起笔的地方和画准线的长度，起笔和收笔处的墨迹会稍微重些，这样造成的后果是线的两头粗，中间的部分细而流畅，画过线条的人都会有所体会，用这种线刻画物体时，两条线的交接处墨迹重，特别明显，需要控制好这种现象，因为一幅图有大量的线条，如果交接处都很明显，整幅图就显得凌乱（图8-2）。但也不能完全杜绝这种现象，否则线就显得呆板，绘制给人不流畅的感觉。从另外一个角度来说，正是徒手画线的这种特点才使手绘表现图有了"手绘"的生动感觉。但一些绘制速度较慢的线，或者稍微抖动的线，它们粗细均匀，可能就不具备这种特征。在以明暗关系为重点刻画的图中更是强调线条的接头处应力求不留痕迹。老一辈的建筑绘画大师彭一刚正是主张"钢笔作画时，必须保持线条粗细均匀，避免因笔尖与纸面接触的轻重不同或蘸水的饱满程度不同，而使所画出的线条粗细不同，影响画面效果"。

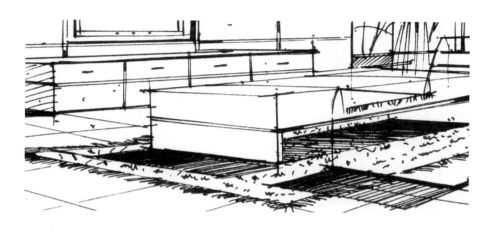

图8-2

　　手绘图中除了多数的直线，还有曲线以及乱线也会经常用到，曲线是学习手绘表现必须掌握的基础技巧，在手绘表现图中大量出现，并且运用难度比直线要高很多，可在练习过程中注重运笔的熟练程度并控制手腕之间的力度，力图呈现丰富多彩的线条之美。对一些不规则的物体、道路、植物、沙发的柔软质感等都会使用曲线和乱线去表达。但乱线不是真的"乱"，而是有规律的"乱"，如此才能形成正确的笔触。用得少并不能说明不重要，在以植物为主体的景观效果表现中，曲线和植物特征刻画的乱线尤为重要，并且难以掌握。众多的植物种类汇聚在空间里，想要区分层次，使画面显得平整简洁，则要分组刻画，重点掌握不同种类的植物的刻画方法。例如阔叶植物怎么画、针叶植物如何表现、草地及灌木如何抓住特征等，都要依赖于不同乱线组合的应用。这些乱线的掌握是建立在对植物枝叶形状和生长方式的深入分析的基础上。正确的线条运用和植物特征的概括画法，是景观效果表现的主流，不需抠细节，只需抓住明暗关系和大致的层次关系即可（图8-3）。

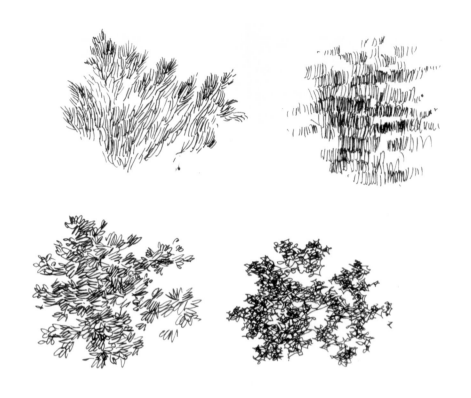

图8-3

在练习了足够多的各种线条的基本画法后，结合我们涉及的透视的相关知识，我们就可以利用横线、竖线、斜线、曲线等来绘制一些简单的基本几何物体了。室内表现图中的多数家具和建筑类、景观类图中的人工构筑物，就本质来说，都可以简化为各类几何形体的组合。因此，绘制一些有代表性的几何物体对打好钢笔线稿的基础是非常有帮助的。在刻画这些简单的几何形体时，一定要注意，要有意识地把前面练习的线条运用于几何体的刻画，一方面继续巩固对线条掌握的熟练度，另一方面要通过这个过程逐渐摆脱以前不正确的线条描绘方式，为复杂场景的刻画做好铺垫，做到学以致用。同时，因为有了透视关系的制约，画线不再像画单纯的直线、斜线、曲线那样随意，应时刻注意所画的线是否符合透视规律，是否往透视点的位置消失，线与线的交接是否自然流畅等。先从单个孤立的几何体画起，画得足够多了，线条和透视的把握比较熟练了以后，就可以有意识地把不同的几何体组织在一个场景中，在同一个透视关系下进行描绘。所有的线条都要遵循透视规律，朝消失点消失的线也不例外，这需要极强的线条控制能力，此项练习的目的也在于此（图8-4）。

图8-4

  另一种练习的方式，是将等大的立方体规则排列，成排成列均匀放置，采用一点透视或者两点透视的形式，把立方体刻画在纸上。因为是等大，所以立方体的透视形象，每一个都会呈现微弱的差异，但视觉上又会是一样高矮宽窄。看似简单，实则徒手绘制的难度并不小，重点在于构成每个立方体的线条长短大体相当，而透视又有微弱差异，对线条的掌握和透视的熟练运用都有很高的要求。前期不同类型的线条练习，是由数量的积累而掌握其习性特征的，通过线条的有规律的排列组合，包括长短控制，疏密控制，可以快速了解线条排列的实际意义和用法。在运用中要求尽量做到运笔速度均匀，疏密变化自然渐变，虚实关系层次清晰，直线与虚线的结合，长线与短线的交接等诸多自由线条的形式，也是练习必经的阶段。其重点是在无序中找到有序的规律，在变化中找到不变的原理。平时要多练习纯线条的简单空间的描绘，将直线、曲线等运用其中，严格把握透视走向和明暗光影关系，对手绘透视把握能力、形体塑造能力、线条分类组织能力和黑白灰等素描关系处理能力会有很大的提升。

线条的组合和表达千变万化，练习的方法也多种多样，在习得了一些基础能力之后，就可以带着目的将这些看似随意但有着极其严格组合形式的线条运用于空间刻画。将空间内的亮暗关系、转折关系、物体结构、细节等以无数的线条组织起来，形成一个具有立体感受的三维空间。在刻画过程中要着重注意以下几点，首先是对空间的理解，吃透空间的各种关系，才能正确地运用线条去整理、组织和表现空间；其次是空间的明暗和光影关系的处理，这些基本关系是构成空间效果的基础构架，也是最为重要的塑造形体的原理；最后是在前两者的基础上把各种线条分类归纳、总结，仔细体会在具体空间刻画中如何合理地使用。

室内表现图线条的初步训练，也可以采用类似的方法，先画出室内界面的分割界线的透视关系，然后根据室内的总体安排找出各物体的位置，再根据位置和物体的大小比例和前后层次关系，将物体简化为几何体，确定物体的透视形象大小。墙面上的橱柜，地面上的茶几和沙发等都以简单几何体代替，通过这种方式了解它们在空间中所处的位置，要兼顾相互之间的形体比例关系和前后遮挡关系等，为之后的复杂场景刻画打下基础（图8-5）。

图8-5

## 二　室内陈设的线稿表达技法

在我国多数意义上的装修都属于硬装修，也就是对室内空间的各界面的处理，在装修完界面之后，即进行装修完成之后的二次装饰，包括可更换、更新的布艺、窗帘、灯饰、家具、家电、挂画、绿植、饰品等的设计搭配与布置，这个过程叫作"软装修"，或者叫作陈设设计，陈设设计在国外出现的时间较长，但在国内却是刚刚兴起，软装修的兴起，促进了陈设表达在室内设计中的地位的提高。陈设的设计布置，需配合室内界面处理的整体风格来进行，依据业主的喜好和文化层次、品位等统一整合与设计，最终落实到整体设计方案上。

室内陈设大体上可以分为实用性陈设和装饰性陈设，实用性陈设包括：家具类——沙发、茶几、床、餐桌椅、书橱、电视柜、衣柜等；家电类——电视、电脑、空调、灯具、冰箱等；洁具类——马桶、洗手台、浴缸等。装饰性陈设包括：挂画、壁画、雕塑、陶艺、屏风、玻璃器皿、盆景、花卉等。室内陈设是室内空间必不可少的元素，也是塑造空间效果的主要物体，除了界面刻画，陈设就是主体了。居住空间的陈设组合大体上可以分为沙发和茶几组合，电视电脑等家电及放置它们用的电视柜、电脑桌椅、床及床头柜，装饰类的挂画和绿植，体量小一些的各类灯具和工艺品，卫浴空间的各类洁具等。其他室内公共空间，比如酒店、公司、商场等，因性质功能不同其陈设有很大差异，例如餐饮空间、卖场、零售店、娱乐空间等，餐桌餐椅、商品展示柜、接待前台、办公用品等都是陈设的主角。要分门别类地予以掌握，并且应厘清风格，辨明结构，熟知材料，这些陈设的造型、体量、色彩、质感等都会反映出室内空间风格流派的特点和装饰特征——中式的、欧式的、简约的还是复古的，必须由陈设和界面特征来表达，因此诸如此类的室内陈设，要下功夫大量地掌握其造型特征和色彩质感。古典及传统的家具陈设具有更多的细节和雕饰，不宜掌握，特别是欧洲古典的家具样式，雕刻烦琐，体量大，要大量地对照图片仔细临摹，多查阅相关资料，从外轮廓的特点入手，按从外到内的顺序，用装饰体现结构和比例。中式的传统家具，造型相对简洁，线条优美流畅，样式经典，靠背和扶手多呈曲线造型，圆润有张力，表现起来并不简单，并且纯木结构支撑的造型，木材质圆而细长，明暗关系不好把握，更加大了表现的难度，画时不要一味求快，仔细观察各部位特征比例，靠背的高度和座面的高度等比例关系要把握准确（图8-6）。不管中式还是欧式都要熟练地掌握其画法，在工作中碰到的时候可以随手拿出来就用，尽量做到不再现找资料。在练习时要用最简练的线条，快速、生动、准确地把它们的主要特征描绘出来。一些技法类的东西可以通过临摹获得，技法够了，就尝试自己对照照片进行写生，将学到的技法进一步消化吸收，一直熟练到能够默写的程度。其间一定要注意，对各类室内陈设的造型风格要善于总结概括，强调大特征，不必拘于小节，并灵活地运用于室内场景中。

图8-6

对于陈设设计的表现，应是单独的一个门类，自然有其自身的表现规律，在表达中宜从多方位多角度展现室内陈设艺术的设计内容，采用多样化的表现语言进行阐述。创造性思维能力的培养，依赖于设计师深厚广泛的知识储备，各种陈设的组合搭配的练习能开阔设计师的思维视野，便于归纳总结，综合运用，使手绘表现图或手绘草稿能与实际的设计工作无缝连接，达到运用自如的程度。纯粹陈设的绘制练习表现，比较讲究构图的美感，常用不规则的三角形构图，具有强烈的稳定感，重心也比较容易把握。注意高中低的关系。也有运用四边形构图的，具有全面和庄重的展示性，这就像是美术绘画中的静物放置原则，既有对比又要协调。室内的陈设家具首先当然是其功能的实现，但又不可避免地附带了一些文化属性，这些隐藏的属性通过塑造空间气质的方式来提高日常生活的物质和精神品质。家具陈设的崇高使命也就是连同室内界面一起创造适合人类居住的具有文化归属感的美好环境，使人的精神生活和生命价值得以体现。家具陈设是任何室内空间与人直接接触的最为重要的媒介，它们的外观不仅仅是一种潮流、一种风格或是一种时尚，它们深层次的含义是通过展示和使用来彰显生活的态度。

室内陈设是塑造空间效果的主要角色，在室内表现中占有重要地位，诸多的陈设在我们的生活里再熟悉不过。室内陈设物品的体量有大有小，构成材质也千差万别，或硬或软，或粗糙或细腻，表现的切入点都是从大的轮廓入手，注意透视关系和相互之间的形体比例。如果是陈设组合，构图关系则要首先规划好，对一些较小的物体，如抱枕、茶几上的杯盘等要尽量细致地画，不能潦草马虎。大轮廓定好后，依照前后和构图关系，进行深入描绘，大的明暗处理要清晰，适当表达个体的明暗关系，复杂的组合物体较多，但也要尽量避免杂乱无章，放眼整体效果。应该从临摹入手找寻刻画的办法，掌握这些方法，熟记一些规律。网上找一些目前最为流行的家具陈设样式进行描绘，了解最新的款式和造型以及材料，尝试用最为简练的线条画出它们的形象特征，最好能在刻画完成以后总结归纳，以便牢记，下次能熟练地默写出来，随时应用，这样能节省很多不必要的时间。陈设的练习，不要一开始就盲目地画，而是首先分析室内场景经常会用到的透视技巧，视平线的高度对各类室内陈设的透视形象影响极大，一般的场景多采用将视平线降低的方法，能得到较好的视觉效果。例如把视平线设置在空间高度三分之一处，这样的透视构图对空间效果的表达极为有利，能突出空间的美感和气势。因此空间内的陈设都将受其影响和制约，呈现大体相当的透视规律。具体来说，如果是居室表现，其视平线的高度大约在床头上沿，或者沙发靠背最上端，按照透视原理，越接近视平线的横线越接近水平，因此在图中床和沙发或者座椅靠背上端那条线基本是水平的，所以在练习陈设单体的过程中要参考这个透视关系（图8-7）。另外，我们前面提到过大多数的家具陈设都可以简化为几何体去寻找大的透视关系。以沙发为例，其本身就是几何体的组合，也可看作由一个大的方体经过对称切割得到的，两个扶手的高度相等，靠背、扶手厚度与坐垫高度的比例关系要协调，刻画时宜从整体入手，概括而简练地表达出它们的特征

（图8-8）。对于一些款式新颖的家具，也要及时进行描绘和熟记，以免在表现方案时跟不上现代设计风格的演变。

视平线

图8-7

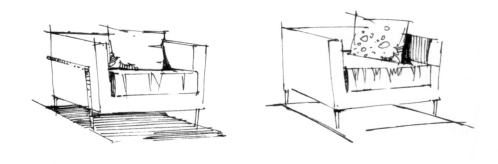

图8-8

布艺是居住空间最为重要的组成部分，除了具体的实用功能外，由于其质感柔软，色彩可绚丽多彩、可低调沉稳，因此具有独特的审美价值。

在实际的手绘工作中，少有人对布艺制品进行细致入微的描绘，因其质地或粗犷或细腻，色彩或艳丽或深邃，且不好控制，导致布艺成了又难画又麻烦的陈设物品。但如果掌握了刻画要领，布料的刻画过程就变得比较有趣了，并且会给室内空间效果表达增姿添彩，活跃氛围。首先，要把光源的方向确定清楚，光线是从哪个方向照射的，在布艺上形成怎样的明暗关系，布艺本身的放置形态也是比较重要的，根据这些画出大的结构走向，明暗光影关系、转折关系等要一一处理好，然后细化质地的表现。需要注意的是布艺类虽然都是平面的，但由于放置在某些物体上，使其有了立体的特征，因此它的透视变化不容忽视。刻画的难度在于布料转折处的描绘，纹理图案的刻画要跟随转折和透视变化相应调整，该虚化就虚化，该写实就写实。布艺处理重在体现其柔软的质感，边缘和转折的过渡要柔和，曲线在此处的运用尤为重要，避免锐利的转折和线条，褶皱也要相应柔软一些（图8-9）。

图8-9

　　织物是常见的居室材料，其亲切、自然的特征能增加空间的温馨感。织物都很柔软，随着放置的物体的不同，呈现出不同形态，但柔和的质感不会改变，宜用轻松活泼的线条不拘束地表现，立体感的呈现无疑是刻画的重点和难点，避免画得过于平面，一定要仔细观察光影的变化对其产生的影响。刻画底纹的时候注意转折和穿插关系，根据形体的透视变化而变化，把握好整体的层次和素描关系（图8-10）。

图8-10

　　抱枕和枕头是一类特别的布艺品，它们有体积和厚度，只要有了厚度，立体感便比较容易表达，可将其简化为简单的长方体去进行分析和理解，这样透视关系比较容易明确。抱枕的柔软质感仍然是表现的重点，刻画线条不能僵硬，注意大的结构特征，比如四个角和边线的交接点处理。利用流畅的弧线勾勒出抱枕的体积形态和蓬松感，丰富的纹理细节和特征、图案形式等的细致描绘是建立在光影关系的深入分析之上。当多个抱枕并排放置时，同样是通过简化几何形体找准透视形态，然后勾勒特征，要注意前后遮挡关系，处理好穿插和虚实对比（图8-11）。

图8-11

　　窗帘的面料极为丰富，色彩与质地也相差较大，主要特性就是向下垂或从中间束起，欧式的窗帘组合复杂一些，厚重且褶皱也多，刻画起来比较麻烦，除了画好形态，还要细致描绘花纹花色。向下垂的动态要自然，末尾处产生类似波浪线的曲线，复杂点的还有缠绕、穿插关系，需要仔细体会，其上的花纹会随波浪线的起伏变化而高低错落、虚实掩映（图8-12）。

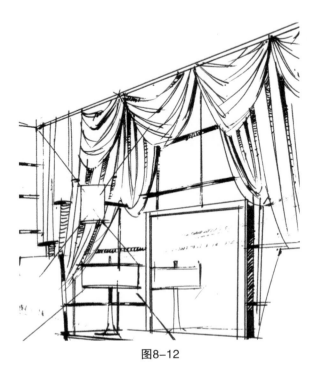

图8-12

　　描绘餐厅或休闲酒吧经常会碰到桌布的表现，桌子跟随透视产生近大远小的变化，覆盖桌子的桌布具有透视特征的桌面和下垂的布脚、下摆，也可简单地理解为一个长方体，透视关系并不难把握。桌布的特征是依靠下摆的刻画得以体现的，类似于窗帘的下垂波浪线，凹凸的层次不要大小一样反复雷同，中间带些变化，不拘泥于形式，用柔和的线条画，以体现桌布的柔软感觉（图8-13）。

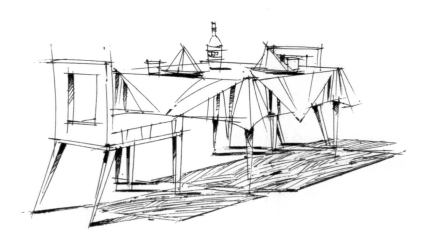

图8-13

　　沙发类家具可能是室内空间中最为常用的陈设，不管是公共空间还是居住空间都能见到。沙发的摆放一般是以组合的形式出现，单人沙发与多人沙发及案几等视实际需要放置在某类空间中。居室由于空间所限，沙发的尺寸不会太大，而公共空间例如酒店大堂等宽敞明亮，宜摆放体量大一些的沙发组合，在具体表现时应注意这些特点。构成沙发表面的材质一般为布艺或者皮质，中式则以木质为主。沙发的功能就是供人休息，提供舒适的坐面和角度。因此，刻画沙发的线条应柔软，不宜刚硬，以体现沙发的舒适感，特别是一些坐垫、靠背和抱枕等，要用稍微带点弧度的线条去表现，画出蓬松的感觉（图8-14）。

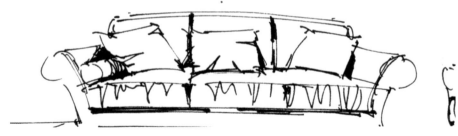

图8-14

　　沙发的表现，在练习时要从单体沙发入手，循序渐进，可将其简化为长方体等几何形体，从各种透视角度进行练习，熟记各种形态，坐垫厚度和扶手宽度、靠背高度、沙发长度等都要符合常规沙发的尺寸比例。单人沙发和多人沙发以及茶几等的相互比例关系要合理。不能沙发太小而茶几过大，使体量看起来不合理。画沙发组合时一定要从整体入手，安排好前后关系，刻画局部透视时要参照已画好的部分，保证线条的透视角度符合大的透视关系，结构比例力求合理（图8-15）。初学者比较容易出现的错误是沙发的两个扶手的高度和宽窄不一样、沙发组合的各元素放置位置看起来有问题等，在练习时要重点注意避免这些错误发生。另外，沙发靠背也应符合人体工程学的要求，具有一定的倾斜角度，在表现时要予以交代。尽量做到透视准确，线条简练流畅。

　　沙发的应用多配合一点透视和两点透视来表述，一点透视相对简单，横平竖直，类似于立面加一组消失于灭点的结构线。因此沙发的长宽比例显得特别重要。先根据沙发高度和外形确定大的轮廓，保证各部分比例合适，然后再添加细节，例如沙发坐垫及靠背的花纹和质感表达，抱枕的形体和花色，最后推测光影的明暗关系，铺设阴影，也可以再根据画面需要进一步完善细部结构。两点透视的沙发刻画的步骤同一点透视是类似的，只是透视关系不同而已，由于两个灭点的距离通常较远，要注意透视的横线消失的方向是否一致，允许误差存在，但不能产生本质的错误。

　　茶几形体有大有小，"茶几"这是传统意义上的叫法，其并非只是用来摆放茶具，快节奏的生活赋予了茶几更多的功能，包括餐桌和储藏的功能，材质也五花八门，木质、玻璃、不锈钢、石材等种类繁多。茶几的形体多为正方体或者长方体，圆形的并不多见，并且现代感造型越来越多，结构也越来越复杂，达到两层甚至三层，方便存储东西。对透视的把握仍然是刻画的关键，由方体演变而来，深化细节特征，在此基础上为后期搭配软装布艺和生活用品等摆件留足空间。

图8-15

电脑、电视等家电属于工业设计产品，这类电子产品更新换代速度极快，要注意对这些陈设资料的收集速度。造型时尚的座椅、书桌属于必要的陈设品，这些陈设要注意它们之间的透视和比例关系，多积累资料，进行大量临摹，掌握它们最新的造型、款式和材料。一般没有太多复杂的造型，线稿要力求简洁，线条笔挺，简练有力度。

室内用的绿色植物是室内空间陈设的配景，但又不可缺少，特别是一些公共空间的表现，总少不了它们的身影，例如酒店、办公室等空间宽敞，适合放置的绿植体量也较大。绿色植物在现代室内空间中越来越被重视，任何类型的空间都有绿色植物点缀其间，使人顿感生机盎然，也有出于布局需要起到画龙点睛的作用。在室内生态学热潮的带动下，对植物在室内空间的运用不仅仅是停留在点缀的层面，也成为评估室内环境的重要指标之一。植物通常放置在固有的几个地方，如一些不好处理的死角、楼梯下的狭窄空间、沙发组合的转角处、走廊尽头乏味的阴暗角落等，甚至有的植物还被用作隔断来使用，这些地方利用植物加以装点，可使空间焕然一新。根据室内表现图的角度选择，这些不同位置的绿植会处于画面的各个位置，通常根据位置判断也可分为三种，即近景、中景、远景的植物，也就是按距离远近来划分。这三种分类在刻画时分别有各自的描述重点。一般作为近景使用的植物，通常会处在画面边缘，用来平衡构图，引导视线，增添环境氛围，起到框景或收边的作用，这时叶片的形状宜刻画到位，而不用将整棵植物全部画出，取其一部分即可，也可以镂空处理，形成剪影效果加以虚化，且后期不用上色，总之要简化处理，切忌刻画得过于细腻（图8-16）。

图8-16

　　中景植物将会是刻画表现的重点，需要详细描绘，这就要根据不同植物的不同生长结构和枝叶特征去概括表达，明确光线方向和明暗部位，采用光影画法，于边缘处交代细节特征，体现植物种类，也要注意与其他陈设的遮挡关系（图8-17）。远景植物也会经常碰到，比如窗外的树木、阳台的绿植等，宜用简单轻松的线条描绘植物特征，可适当忽略明暗关系的影响，虚化处理即可。

图8-17

　　相比室外景观的植物表现，室内植物体量小，品种也不多，大多数为耐阴植物，阔叶，画时要抓大特征，植物细小的叶片则要概括表现。散尾葵类的植物，要了解其生长结构，把握好树形整体。定位于画面边缘起框景作用的植物叶子则应该细致刻画。通常要根据画面构图需要，决定植物叶片摆放的位置和颜色深浅。

　　床是卧室的主要家具，其造型风格受床头和床榻的影响较大，床垫上的床罩及被子等覆盖在床上，因此被子和枕头的颜色与样式能够结合床头和床头柜的造型来说明卧室的装修风格。床头的表现线条要根据其材质来变化，也有中式和欧式的区别，欧式的造型曲线多，而现代风格多是以直线条为主。如果床头用皮革或是布艺软包，线条则要尽量放松柔软，体现舒适度。床单和被子在刻画时，一些褶皱关系要处理好，特别是床角的转折关系，床单下垂时会形成一个类似于倒三角的形状，要尽量用柔和的线条去体现这种特征。这与餐桌上垂下来的桌布的特点是一样的，可结合光线的明暗关系来突出暗部的细节，线条宜弯曲而不宜笔直，虚实对比要强烈，虚的亮部有时转折线也可以省略不画，线的轻重缓急对应着物体的虚实变化。床下的地毯和床上的抱枕也是必不可少的配饰，这些物体的刻画方法在练习时也要仔细体会。地毯的质地表现，宜用成组的小短线组合笔触来画，同时结合或现代或古典的图案进行整体风格的搭配。抱枕和枕头的画法与沙发抱枕如出一辙，重点体现蓬松感（图8-18）。

图8-18

　　床的单体表现同沙发有类似之处，同样可简化为长方体，透视要求同样严谨。明确了视平线和灭点位置后，要勾勒大致的几何形态，先画主要的转折线，从而切割出基本形态，然后深入物体细部、床头样式及布艺搭配等，加入材质表现和光影表达。尽量多表现单体床的各种角度，注意单人床和双人床的长宽比例关系。必要时将床体分割，以进一步明确比例结构关系，也要结合人体工程学等知识牢记单人床和双人床的尺寸以及它们自身的长宽高等结构属性。

　　餐桌椅组合在家居和酒店餐饮空间都会碰到，并且是此类空间的主角，其造型和色彩将直接影响整体方案的表现。款式的搭配，应符合空间的设计风格，繁简贴合主体。需要指出的是，餐桌椅的组合由于就餐人数的多少可以分为方形餐桌和圆形餐桌，方形餐桌多为四人或六人使用，而圆形餐桌少则八人，多则十几人使用，占地稍多，体量也大。不管是方是圆，具体表现时要把桌与椅作为一个整体对待。桌子的刻画简单一些，难点在于椅子怎么画，特别是圆形桌椅，每把椅子的摆放角度都不一样，围成一个圆形，因此孤立地对待每把椅子，容易出现透视和比例上的错误。应把桌子和椅子看作一个整体的圆柱体，椅子靠背的连线正好是一个圆的透视形象，而椅子腿的连线也是一个圆形的透视形象，不能画得乱七八糟。从整体出发，然后找细节，每把椅子之间的相互关系，由于角度的不同，呈现出来的形式也不同，结合遮挡关系等最终在保证透视正确的前提下，刻画清楚细节，把握好比例关系（图8-19）。方形餐桌因为摆放整齐，刻画要稍微简单一些，也可以将其视作一个长方体，每把椅子的靠背高点的连线和桌腿低点连线应符合透视规律，要注意椅子的摆放离餐桌的距离要适中，太远感觉不紧凑，太近了又缺乏构图美感。按照常用的室内透视视平线高度，能见到的餐桌桌面较窄，有利于避开餐桌桌面太宽带来的刻画不便（图8-20）。

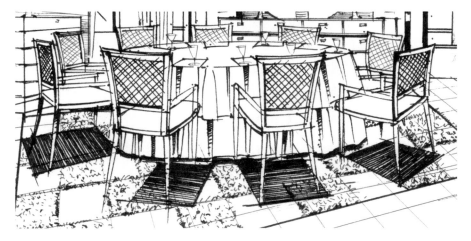

图8-19

图8-20

　　灯具作为具有照明功能的陈设，在居室空间和各类公共空间中都必不可少。灯饰的造型形态各异，种类繁多，取几种具有代表性的常用形式记住即可。灯具类包括台灯和吊灯以及落地灯等，虽属于工业产品范畴，但其造型又与室内风格息息相关。现代风格的灯具造型大多十分简洁，没有过多装饰，但有的灯为了契合室内场景氛围，造型的艺术感会强一些，例

　　如略带古典意味的巴洛克或洛可可风格的灯具，或是偏中式的以传统纹样为装饰元素的吊灯等，应仔细观察古典造型的代表样式，也要随时更新画法，跟上工业设计发展的潮流，以备不时之需。画时重点把握住基本的透视关系，保证得到的灯具造型的对称性。以台灯为例，灯罩是它的主要造型，灯罩多为圆形，更加不好把握。首先要搞清楚灯罩所处的位置距透视视平线的距离，以此判断灯罩上下面的透视形式。由于灯具的尺寸大小在空间里并非主要表现方面，其刻画相对简单，塑造出主要特征，不出现大的透视错误即可。如要详细刻画，则可将其作为一个几何形体确定好透视关系，然后将灯罩的外形"切割"出来，找到灯具的中心对称线，刻画灯罩以下的物体。用这样的方法练习几次，便能掌握灯具的画法。

　　卫浴空间的面积，要比居室其他空间面积小很多，紧凑的空间，对透视关系和构图的选择是比较有利的，尽可选择一些新奇的视角，来配合卫浴空间的玻璃、不锈钢五金件和镜面等材质。五金类材料体积都很小，质感刻画也就很难精准到位，一般在方案表现图中不予以详细描绘，大多一笔带过，但洁净有光泽的地面、墙面，以及大面积的玻璃和镜面等通透材质是刻画表现的重点，了解功能、结构及材质，根据不同材质相应变换表现方法，尽量做到写实处理。卫浴空间的洁具表现也会经常碰到，此类物品多为纯白色，陶瓷的亮度和硬度作为重要的质感，要表现出强烈的光洁度，除了刻画好外形以外，需要一些必要的技法作为重要补充，例如在光洁的陶瓷表面加一些闪电纹理或者加一些犀利的弧形笔触等，以增强质感和反光。镜面的刻画首先是将玻璃的通透感表现到位，简略表达镜面里的反射物体，辅以淡淡的蓝色底色，也可以加些闪电横纹等表示反射环境物体。

　　一些陶器和装饰用的瓶瓶罐罐等也会经常用到，可以起到烘托氛围，丰富画面的效果。此类装饰小物品线条要简练、概括，不要抠细节，要表现大的形象特征，不能呆板地刻画。一些陶器的造型要遵循古代器物的严谨风格，表现出古朴厚重且沧桑的历史感和美感。另外，杯子、餐具等也是生活中常见的物品，平时要多注意观察和归纳，进行大量的速写以牢记。

质感的刻画对于初学者来说，无疑是比较难把握的技法。室内空间中，特别是现代室内空间，材料层出不穷、琳琅满目，要及时更新技法以跟上设计材料发展的速度。透明材质在现代室内出现的频率越来越高，此类材质无论居室还是公共空间都会经常碰到，最大的直观特点就是透过它能看见背后的物体，透光性好，透明感觉的表达，是要将背后的物体也做相应的刻画，但轮廓线条要简略概要，省略次要的细节，如果手头工具足够多，应用较细的笔触去完成透明物材质背后的物体的刻画。阴影和暗部的处理相比正常的物体对比度要弱一些，某些线条要可处理得若隐若现，形成与其他物体虚实的对比（图8-21）。需要指出的是，镜面的处理与此相似，镜面内的物体都要虚化，稍加颜色，然后表现镜面本身的反光质感即可（图8-22）。单独的玻璃表现，如果背后没有其他物品，也是仅在表面上加些表现反光的线条，最后用玻璃本身的淡色一扫而过，不必刻画得过于烦琐。

图8-21

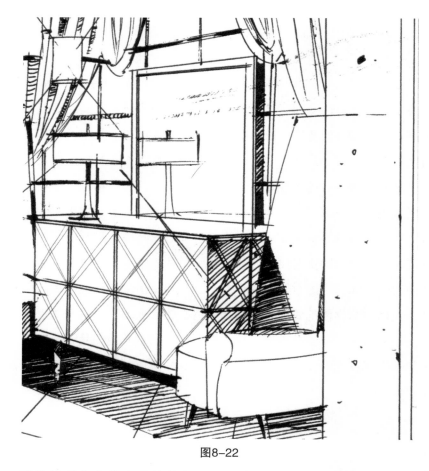

图8-22

　　某些材质本身带有装饰性的花纹或者图案，这是体现风格特征的标语，在刻画时要认真对待，不能马虎，虽然不用照实将所有细节全部画到位，但大的特征一定要把握住。像是一些中式风格中传统的装饰纹样元素，常常会被用在吊顶、沙发背景或者隔断上，这就要求对中式的窗格形式和名称有一定的了解，像回字纹、万字纹等要知道其结构特征。一些欧美的田园装饰风格中，植物纹样和花朵图案会作为重点的装饰元素，也要熟练地记住这类图案。沙发抱枕、布艺等经常用到的图案也要分门别类地加以掌握，不要到用时现查资料。当然，这些都是在慢慢积累当中逐步掌握的，这里只是提醒初学者一定要有这方面的心思，去有意识地积累。

　　皮革在现代室内空间也是经常碰到的材质，多用于座椅、沙发、床等家具上，我们所讲到的技法在表现皮革材质上并不具备优势，只能大体交代其色彩特征，皮革的特点是在转折或者弯曲、缝合的局部产生较多的褶皱，这些部分应该是刻画的重点，依据这些特征在某些部位加一些表现褶皱的纹理线条，如在沙发或床头的靠背上，座椅坐垫的厚度表现上，都可以这样处理。

　　一些硬或者亮的物体，往往具备反光和高光的特性，比如石材、地砖、陶瓷等，这些光亮的物体刻画，一定要依靠光影的表现来确定其表达的详细程度，钢笔线稿阶段需解决的问题，就是把物体固有的结构交代清楚，如地面铺装的分格线以及石材墙面的分割线等，有些石材或瓷砖本身也具有纹理，这些纹理也要概括地表现，整体效果要依靠后期上色和一些特殊技法的运用，具体的绘制着色后面会有详细的讲解。

　　总体来说，室内空间中的陈设表现，宜用流畅、肯定的线条，注意相互之间的尺寸、透视和比例关系。首先确定陈设在空间中的正确位置，可以通过在地面上找辅助线的方式，然后根据透视的前后层次关系确定，而陈设的大小尺度、高度等也可以通过整个空间的高度来对比衡量，或者参照附近物体的高度，避免把陈设画得太大或者太小，造成画面不和谐。整体的空间构架完成以后，陈设根据某些辅助线或者经验确定好位置，安排好前后遮挡、穿插关系，按照室内整体风格去选择合适的陈设造型，使画面看起来合理而具备说服力。陈设组合在表现时，宜从陈设品本身来抓住绘制的要点，其次要明确各陈设品之间的关系，对场景的把握要有感觉，其实感觉不是飘忽的难以捉摸的东西，而是从"科学"构架的基础上得来，透视必须是熟练的，每一笔都是驾轻就熟的结果。

## 三　室内小场景的线稿表现

作为初学者，常常是把这些家具陈设的表现当作训练表达技法的预修课程，这个顺序是正确的。对于室内空间的线稿来说，一幅完整的图就是由各个部分组成，练习的过程可以由简至繁，由易到难，由浅入深。在用纯的线稿塑造完整的成套家具陈设时，潜移默化中就完成了对造型、比例、透视等的基础练习，为后期综合表现、着色等做好铺垫。有了前述的对单体陈设家具的线稿练习，就可利用得到的单体描绘方法来表现小的局部空间了，这些小的局部空间要有小范围的空间组合、比例等相互关系，例如门厅的隔断和案几的组合表现描绘，书桌与书橱的组合表现，办公空间休息角落的刻画，等等，以小的局部入手，寻找大场景的手感。

临摹是学习别人的技法，技法学到以后，最重要的是应用，否则没有任何意义。临摹足够多了，就要尝试自己对照图片来进行一些小场景的速写练习，以此将临摹学到的技法知识消化吸收。为了培养良好的习惯，建议在训练中尽量避免用铅笔起稿，以免对铅笔形成依赖，最重要的是铅笔起稿会使钢笔墨线失去流畅感。其画幅也不应该太大，局部的场景宜小而不能空洞，下笔时做到心中有数，提前判断好透视关系。线的准确与清晰，体现着用线的熟练程度，一定要结合前面讲过的线的画法，将其充分地运用到物体的刻画中去，切忌"描"线，一遍一遍重复只会使线条毛糙不堪，形式混乱，能用一条线解决的问题，绝不画第二条。倘若出现错误的线条，千万不可半途而废重换新纸，在原来的基础上画一条正确的即可，一般后期上色时会将错误的线盖住，并不会影响整体效果。有时绘制较长的直线时，不宜一笔画完，可采用分段的画法，最后拼接起来，都是可行的。画得足够多了，自然会总结出经验，因此在画的过程中不要闷着头硬画，要时常停下来审视自己，分析方法，积累经验。

刻画物体的速度有快有慢，因人而异，特别是细节丰富的物体，更要平心静气，不可因快而显得潦草，要力求越具体越好。单独表现某一对象时，可用较粗的线条加深外轮廓，细部用稍细的线，体现体积感和层次感。有些沙发组合或者家具的其他组合，经常会碰到造型具有圆滑的倒角的状况，在处理圆角时其转折处可不用画线，仅依靠外轮廓线去表达，或者非要画线的话，则线条不能与两边线相接，要留出一定间隙，然后根据物体材质的不同，相应地加入一些表现质感的纹理即可。

　　小场景的刻画应该从何下笔，这是一个普遍的问题，每个人习惯不同，作为初学者，主要是在练习过程中掌握好构图、透视以及线条的运用，各局部之间的相互关系、前后遮挡、大小比例等关系，有一些基本的规律是可以遵循的，首先要做的，就是把透视关系解决好，消失点的位置、视平线的高度依次定好，透视不能凭感觉去确定，必须有实实在在的消失点位置和方向，否则极易出错。小场景在具体表现时，宜从决定整体透视的部分开始画起，先把大的轮廓线的透视方向搞准，在确定轮廓线时就应当考虑哪些物体的局部能看见，哪些局部是遮挡的，做到心中有数，按部就班地刻画。草图中由于不提倡铅笔起稿，而钢笔线条又不能修改，因此就要求在画的时候尽量少出错误或者不出错误，这样的习惯也有利于培养精准描绘的技法，脱离一些辅助工具的运用，从而节省一些时间。细节的处理在轮廓线正确的基础上再进一步刻画，有些场景的刻画并不复杂，但个别局部与局部之间的关系还是比较难处理，这就要求在画的过程中要相互照应，刻画某处时必须参照别处已画好的正确部分，顺理成章地完成描绘。实际的工作中经常会碰到左右对称的物体，要根据遮挡关系，先把前面的物体完成，然后逐步从前到后完整地画完，遮挡部分虽然不用完全画出，但整体的感觉必须到位。就室内陈设来说，多数情况下都处于同一地面上，从某一角度看过去的时候，要感觉相互之间的距离和高低是正常的，这要求对物体的大小比例关系要把握得精确一些。平时练习的多少，在具体刻画时会显现出来，因此手绘里没有捷径可走，唯一的道路便是勤于练习，以数量带动质量。

　　单线的描绘有时稍显单薄，表现力一般，无法反映出物体的明暗变化和细节，这时就要依靠钢笔排线形成暗面和灰色面，以此体现光线下的光影变化，显现质感，线面结合的方法是一个极好的基础技法，能很好地交代明暗调子。前面已经讲过，钢笔线条与铅笔线条不同，不能控制深浅浓淡和粗细，只能用线条排列的疏密来表达色调深浅，但表现图的后期总要用颜色进行渲染，因此线的排列也要为着色留出空间，不能画得太满，在需要布线的地方要有选择地进行描绘。物体在光线照射下呈现复杂的光影关系，手绘表现图与写实性绘画相通的地方，都是要交代清楚明暗、投影或者反光，表现图不必把每个层次细节都画出来，有的层次尽可以省略掉，把握住直观清晰的表达原则就可以了。反光部分有时可以针对物体颜色深浅灵活运用，例如一些固有色较深的物体，为避免暗部颜色过深，应适当加入反光刻画，打破沉闷感，使画面通透。

室内外空间中的物体，不只是单一的几何体，可能是由曲面体或者其他形式的组合，这些物体在光线的作用下，会呈现多种多样的暗部效果。根据暗部的形状和物体本身质感，应运用不同的钢笔线条组合去表现，以使画面更趋合理。暗部形状较规则且是平面型的物体，多以平面为主，表现这些物体的暗部时，一般使用直线条组合来进行排线，当然也要依据物体结构，尽量与物体边线平行，沿物体面的边线进行布线。如果存在长宽比较大的长条状块面，则一般沿宽度方向布线，这样便于找出反光等使暗部细节丰富的变化，增强场景感。要避免以比较保守的排线手段来表现，否则容易使画面呆板。排线较生动的技法，是在不断地练习中获得的（图8-23）。

非平面型的物体暗部，有较复杂的结构，利用钢笔等工具去表现是有一些难度的，钢笔线条本身并不具备轻重的过渡，因此在处理一些曲面的表现时没有优势，我们所能做的就是将表现对象尽量简洁、概括描绘，不必求全而细致入微，但是呈弧线形式的线条后期上色需要有发挥颜色属性的空间，线稿阶段不宜画得太满而在上色时无所适从，显得颜色浮于画面和物体结构，让人感觉颜色多余。因此前面讲到的线条组合、排线方式等要根据实际需要合理选择运用的程度，不能过度"填充"线条，特别是暗部这些重点刻画部位，简单的线条刻画交代清楚明暗关系就可以了，无须面面俱到、细致入微，避免画面起"腻"。

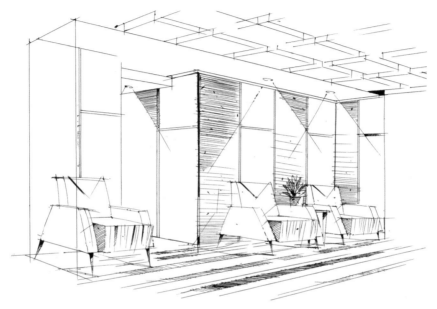

图8-23

不同类型的线条，在画面里要适当地加以运用。例如经常用到的休闲类沙发组合，表现的重点是要体现布料或者皮革轻巧柔软和舒适的感觉，线条运用要刚中带柔，小弧线、小折线要运用得当，避免拘谨放不开的状态，尝试用最简练干净的线条表现它们。而与沙发搭配的茶几、靠几等则完全不同，由于材质较硬，一般选择硬朗的线条来突出特性。即使是同一组陈设，当从不同角度观察时，也会产生不同的视觉效果，在设计作业中经常会碰到正视、侧视、俯视、透视等不同角度的表现，练习中应多做这方面的知识储备，对不同角度的沙发组合、餐桌椅组合，不同造型和风格的各类陈设多加绘制，对我们在快速设计时增强空间构架能力、提高效率等会有很大帮助。这是熟悉室内空间特性的过程、角度的变换中，对被描绘的物体特征和相互关系有了比较和分析，自然就会对空间属性加深理解和体会，设计的灵感也许就能在这个过程中迸发出来。

应时刻记得，室内组合的表现，要最终融入室内空间的整体表现中去，陈设组合找到正确的位置，才能安排合理的尺度，包括高度、宽度以及和其他物体的关系，例如与墙体高度的比例关系。确定好室内陈设组合的大小尺度和比例关系后，接着就是具体的刻画，线的运用除了因地制宜选择合适的偏硬或者偏软的线条去表达相应特质的物体材料质感外，就是运用线条时的放松状态，画时不必过于纠结线与线的交接或者是否保持两线平行等，轻松地画是使画面线条具有生命力的关键因素。落笔肯定、胸有成竹，不拖泥带水，所有家具必须简洁概括，能用两笔交代清楚的绝不用第三笔。物体主次部位的显现，是依靠线的疏密来区别的，暗部与投影适当强调，出来的效果具有稳定扎实的感觉，不会轻飘。众多的线条凑在一块儿，要有秩序、有规律地在透视关系的指导下井井有条地出现在适当的位置上，避免杂乱无章，画面缺乏美感，使本应被强调的表现主题得不到突出，丢掉"中心思想"。需要特别指出的是，一些"非主角"的装饰品，例如绿植、花卉、装饰画、布艺品等有时也会很重要，它们的存在能够使画面场景更加富有生活气息，并且合理使用此类物品如绿植的局部，可以很好地弥补画面构图上的不足，让其起到框景的作用，以此平衡画面，协调好前后关系。在虚实的处理上，画面中心的重点刻画对象和位于边缘的物体在处理上要区分清楚，哪些应细致刻画，哪些应力求概括。出于视觉中心的需要，边缘的物体要简单处理，做到取舍有度，以达到衬托主题，引导视线的作用。

透视角度的选取，对于要表现的物体有时也影响较大。室内场景中常用的透视形式不外乎一点透视和两点透视，而三点透视较少用到。需要说明的是，经常说到的一点斜透视，其实本质上是由两点透视演变而来，只不过一个消失点在画面内，另一个消失点在画面外。简单来说，一点透视的场景，给人规整、严肃、大气的感觉，在面积不大的空间表现上往往给人亲切感，但构图上则比较单一，略显呆板，缺乏活泼生动的美感。两点透视的陈设组合，相比一点透视而言就显得活泼生动了许多，也容易营造出空间应有的气势，趣味性更强，空间的层次变化也更加易于把握。两点透视的陈设组合场景的前后层次关系和大小比例关系对比比较强烈，在具体刻画时要注意虚实变化的处理，物体的转折线往往处于离我们眼睛最近的位置，而一点透视不存在这个问题，这就需要我们注意两点透视中前后物体的大小对比不要过于强烈，否则前面物体显得过大，画面容易失真（图8-24）。

**图8-24**

除了居住空间中的陈设场景组合外，一些大型的公共空间中陈设也是必不可少的，例如酒店大堂、接待厅等，中型公共空间例如酒吧、影院候场处、休闲餐厅等，都会碰到与家居风格并不完全一致的陈设组合，这时要区别对待，除了根据空间的风格定位去选择合适的家具陈设组合外，也应根据整体空间尺度来调节陈设组合在空间中的比例关系。大型酒店的大堂在处理陈设组合时一定要注意其合理的尺度，如果把陈设组合的尺度画得过大，则酒店大堂宽敞高耸的空间气势就会被削弱而得不到体现，但一些酒吧、休闲餐厅等空间相对要小一些，此时要营造贴近人的温暖气息，陈设组合与空间的搭配要亲近一些，把握好尺度比例在不同空间中的合理运用有时举足轻重。线条的处理上一定要保持与整体空间的协调性，要简洁就都简洁，要概括就都概括，而不能陈设的线条干净利落，空间界面刻画时则拖泥带水、含混不清，也就是说线条的曲直变化要保持一致，不能有的笔直有力，有的弯曲绵软。不管选择哪种风格的线条去表现，都要始终保持画面的连贯性，保持线的风格不改变。切不可孤立地看待陈设与空间的关系，它们与周围环境的关系往往是通过一些细微的笔触联系起来的，例如刻画陈设在地毯上的投影以及地毯本身的质感时，就使陈设与周围空间的环境特质联系起来了，投影本身的刻画是建立在地毯毛绒质感的基础上，和投影在硬地上是截然不同的。投影在硬地上的阴影，木质地面也好，石材地面也好，使家具与环境有了某种联系，所以投影严格来说，并非一些简单的线，它在后期上色阶段，就体现出了存在的价值，阴影投射在什么样的材质上，决定了阴影本身的颜色，而产生投影的物体的形式，又决定了投影的形状，颜色和形状共同决定了阴影的刻画过程（图8-25）。因此这些使空间内的物体联系在一起的因素，在刻画时要仔细琢磨，将它们灵活运用于具体实践当中去。陈设组合的练习，要与周围空间协调为一个统一的整体，当一张室内效果图绘制完成以后，我们首先看到的便是整个环境的效果，而不仅仅是颜色夺目、造型夸张的家具陈设的罗列。陈设的色彩与造型当然会对室内空间风格走向奠定基础，是体现风格特征不可缺少的配置，但也要把握好使用的"度"。室内设计中界面设计和陈设设计是同等重要的地位，不能只强调陈设的表达而忽略对界面的刻画，界面才是围合成室内环境特征的主要因素。因此对界面的各种材质的表现也是我们应该学习掌握的重要内容，各种木材类、石材类、玻璃类等材质的表现技法，会在各类空间中经常碰到，是支持各种空间效果的基本元素，其表现的技法需要重点掌握。

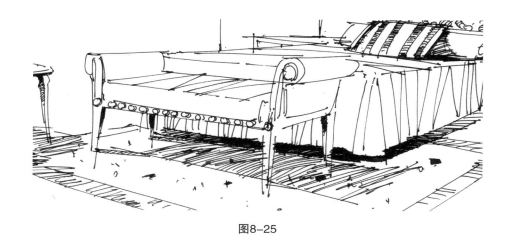

图8-25

## 四 整体空间的线稿表现

空间的黑白线稿是室内空间表现图的基础，它对最终的表现效果起到了非常关键的作用，优秀的钢笔线稿提供的不仅仅是快速画出效果的前提，更多的是对设计心情的影响，更有利于设计思维的活跃。线稿当中的组成内容，就画面本身的视觉冲击而言，可以用明暗的对比、物体本身结构的对比、材质特征的对比来塑造效果，技法上则以线条的各种组合方法来刻画细节，例如线的排列和叠加组合、曲直的结合、线的疏密程度等来表现相应的内容。

陈设组合等小场景的练习，无非是为后面的整体空间表现打下基础，虽说是基础，但如果能熟练掌握小场景画法，整体空间的技法难题也就迎刃而解，二者之间相通的东西几乎一致，线条和透视等基础内容也是完全一致的，所不同的是把场景的尺度扩大了而已，场景包含的内容更加繁复，需要刻画的东西随之增加，处理前后关系、虚实关系和比例关系变得更加有难度了，对透视关系的处理要求相比简单的小场景更高了。场景内容的增加，对初学者来说就显得有些力不从心了，对各方面的控制力，包括线条的运用、整体场景的明暗把握、透视方向的精准度等，都提出了新的要求，这是在小场景的难度基础上，更进一步地考验对空间感、立体感的掌握能力。

当我们在规划一张室内空间的效果表现图时，有大量的前期工作需要做，例如弄清室内空间的风格特征，界面的材料属性、颜色、明暗等，这些与设计相关的问题必须都解决以后，才能形成最为直观的效果图，以视觉感知的形式呈现出来。简单来说，正式稿的效果图是设计最终的总结，以文字和图面的形式来表现设计成果，形成一套完整的方案，当然一整套方案不仅仅只包含空间透视效果图，也要有相应的其他的设计施工等图纸，包括平面图、立面图等。而室内空间的表现图能最终定型，不是凭空想象得来的，而是以合理的平面布置图和立面图为依据，透过透视理论为画面提供构筑框架得来的，学习室内空间表现图的最终目的也就是由平面布置图推导为具有三维空间感的立体效果图。在推导的过程中，会涉及我们前面提到的大量的基础知识，像关于透视的应用知识，采用什么样的透视形式、消失点的位置布置在哪里等，也会涉及布局构图方面的知识，如何在构图美观的前提下，最大限度地呈现出设计意图，这些都需要在不断地练习中积累经验，慢慢形成绘图者自己的风格特征。当然，正式的效果图还要从草图开始推敲，不断尝试，不断改进，对画面内容不断取舍，对一些不利于画面的因素，例如阻碍视线的植物、家具、陈设品等，甚至是墙体，都可以根据画面需要进行恰当的取舍和弱化，或者省略，以便取得良好的视角和完整的设计展示。但无论怎么调整，都应谨记一点，就是要严格按照设计内容去表现，而不能单纯为了追求画面美观去臆造一些设计方案里没有的内容，这就是设计表现和纯绘画之间的本质差别。

在刻画的顺序上，和小场景有所不同，在选择好了透视类型和构图角度后，应先按照透视关系把决定空间构架的主要结构线先画出来，重要的墙体线、界面的转折线等都属于此类线，这些线的存在构成了整个空间的雏形。确定好了大的透视角度和框架，就可以根据设计要求，在合适的位置添加主要内容，此时应提前规划好物体的前后遮挡关系，此前已经绘制好的墙体线等在这时的作用，就是可以把它们作为刻画空间其他内容的参照线，特别是参照它们来判断所绘制的新的线条透视角度是否准确。这也是按照从整体到局部的画法，先刻画主要物体，后刻画次要物体，等待大效果确定之后，根据陈设摆放的位置和画面构图需要，来添加一些必要的装饰品来丰富内容。由于光线照射所产生的明暗关系要贯穿画面始终，家具在地面和墙面上的投影，以及一些光滑地面的倒影质感刻画等都可以在这个阶段添加。但也要注意在画线稿时不宜赋予画面过多的调子，交代清楚主要形体结构即可，以便为上色留出空间。其实刻画的顺序只是一个参考，每一个绘图的人都会形成自己特有的习惯，是先画整体还是先画局部，不同的人会有不同的答案，我们所说的，只是作为一个初学者应该遵循的顺序，按照这个顺序去练习，画面上更不容易出现错误，更加容易把握整体。

总的来说，室内空间的线稿绘制，是以素描关系为主导，但又不能以纯粹的素描画法为主，它又有自身的客观规律可以遵循，是通过合理有序的钢笔线条的铺陈形成具有明暗关系的空间效果。物体体块、质感、黑白灰的呈现、空间虚实的变化，完全依靠线条的运用，该重的地方重，该深入的就深入刻画，像是暗面和投影，画面上总有几处是最暗的地方，找到它们，加重描绘，以确定基调。需要留白的地方要大胆留白，亮部和受光面的处理，宜简约凝练，让画面形成强烈的黑白灰对比。由于后期还要上色，因此并不是所有暗面和投影都要布满线条，有时稍微示意即可，为颜色留出发挥的空间，至于哪些暗部要刻画，哪些不需刻画，则要依靠日常练习中积累的经验而定。虚实关系是拉开空间层次的重要手段之一，强化空间感的关键，是对近、中、远景的刻画的细致程度，中景作为画面的主体，自然是要详细描绘、精雕细刻。前景的明暗对比则要强烈一些，加大黑白灰关系，远景宜淡化，尽量少给笔墨，这样虚实关系才能得以强化，空间感也能较好体现。对细节的把握则要具体物体具体对待，根据不同特征不同材质的差别，依靠光影关系，利用不同的线条组合，曲直变化，对不同的材质肌理和质感进行详细描绘，比如质地细腻的墙面、光滑坚硬的地面、柔软舒适的布艺等都分别对应不同的线条运用。

室内空间的设计方案，要由平面图作为依据和基础的，任何设计都是以平面图的分析梳理作为开端，一旦平面布置图确立，也就意味着大的设计方向已经确定，所有空间的透视图都必须以平面图作为理论依据，换句话说，具体空间的表现图，都是由平面图转换而来，因此由二维平面到三维空间的转换能力也是手绘练习的重要内容之一，这个能力需要日常练习中有针对性地提高，例如可以寻找一些典型的平面图，从不同透视角度去刻画空间内容，以训练空间的构架能力和构图能力，特别是报考研究生的同学，更要注意这方面能力的培养，快题类设计表现重点就是考察这样的设计技法，不能单单盯住三维空间的塑造方法不放，而是应着眼整体，让整套的设计方案都能得以清晰表达。

下面我们尝试就不同性质的室内空间来归纳一些绘图的规律，以便初学者参考利用。

## （一）居住空间

居住空间应该是环境设计类专业最早接触的室内空间形式，也是室内表现领域最为常见的空间类型。作为人类居住的空间，不管这个空间的面积大小，都会具备同样的满足人类使用的功能，从小户型的公寓到大面积的别墅，起居室、卧室、厨房、卫浴等构成了居住空间的主要内容，差别只是在面积大小而已。起居室作为体现室内设计风格和特征的最为重要的空间，是完整的室内设计方案的表现焦点，一个成功设计方案的精髓，以及设计的重心，起居室的形式是一个风向标，而卧室及厨卫等空间对于设计风格的说明力度，均不及起居室，因此其表现效果会被作为重中之重来对待。

起居室的功能，体现在全家休闲娱乐、休息交流、接待宾客等方面，是住宅内人的活动最为集中和使用频率最高的空间场所，能充分体现主人的品位和兴趣爱好。客厅设计相对较容易突出风格，空间弹性大，功能复杂，可以是简约时尚的现代风格，也可以是自然朴素的田园风格，形式不同，线稿应体现大致差别，针对不同风格选择运用不同笔法，体现线条类型、明暗对比、色调轻重等的差异。起居室的表现内容，大体上可划分为两部分，一是客厅内的陈设，包括沙发组合、茶几、电视等影音系统和电视柜；二是客厅内各界面的处理方案，这两点是起居室表现的主要内容（图8-26）。

图8-26

当然，如果空间面积较大，例如别墅建筑的起居室，层高较高，则涉及的内容会多一些，某些角度会看见厨房及餐厅，那么餐厅也要相应地进行刻画，餐桌椅等陈设要把握好刻画的细致程度。别墅空间的起居室面积大，层高有时会直达二层的吊顶，因此对其空间气势的把握是个难点，室内陈设组合在这样的空间中尺度要略显得小，表达空间的宽敞程度是表现这类空间的基础，这对透视的熟练运用程度要求较高，高耸的空间气势需要特定的透视角度来表现，视平线的降低是一个有效的办法，通常沙发靠背的高度可以作为视平线的高度使用，也就是大多与沙发靠背高度相当的线，基本要保持水平状态。这个原则适用于绝大多数的室内空间，层高较高的别墅空间，可将视平线适当抬高，稍微调整即可。规整的一点透视可增加进深效果，对于进深较大的室内空间均可采用一点透视的形式，使空间层次有序展开，前后关系得到有效控制，并且规整的透视构图适用于表现多种多样的空间形式，在保证设计内容被最大化呈现时，也能给人以正式感。

　　面积较小的起居室空间，沙发组合是最重要的陈设，这一类空间得益于较小的面积，在透视形式和构图的选择上，相对自由度大一些，较低的视平线能造就合理的遮挡关系，使后面的某些物体隐藏起来或者少露出一些，这样可以省略掉一些不必要的刻画的麻烦，尽量让工作简单一些，而效果也能达到。虽然面积小，但我们在具体表现时，要刻意营造一种宽敞的氛围，不能给人局促的感觉，这样做一是有利于设计方案的表达和描述，使设计方案优秀的节点能被放大并让客户感知；二是较宽敞的空间，能把设计的细节更清晰地展示出来，加强设计的效果（图8-27）。当然，空间在视觉上的放大要依靠合理的透视技巧，不能随意捏造，将空间尺度故意放大，或者是将陈设尺度故意缩小，违反设计方案和既定尺度。

图8-27

起居室常用的界面材质，种类繁多，需要表现的内容和涉及的因素是多种多样的，前面讲到的灯具的设计表现、家具的设计表现、绿化、环境氛围的表达、空间的处理、界面细部的刻画等，对设计师在建筑知识、材料知识、美学修养、绘画基本功等有着较全面的要求。起居室的表现，要遵循循序渐进的练习方式，可以先从室内家具、陈设小品的表现开始，熟练地掌握了画法以后，再进行下一步的较大场景的练习，延伸至空间，由简到繁、由浅至深，慢慢向组合表现贴近，使表现能力稳步提高（图8-28）。

**图8-28**

卧室是居住空间最为重要的组成部分，休息和睡眠是其主要功能，与功能对应的设计需要解决的问题，就是把睡眠的环境调节到最为舒适的程度，而表现效果图首要的任务，便是将这种舒适感表达到位。床及其附属品无疑是卧室空间的主角，小面积的卧室仅能容纳床体的摆放，具体表现时不能强制摆放更多家具，床本身的刻画也不宜过于烦琐，体现简单舒适就好，整体色调不要沉闷，要将小空间尽量表现得明亮通透。床是布艺品搭配的集中体现，包括床单、枕头、抱枕、被褥等，甚至床榻和地毯也包括在内，这些物品是卧室表现的重点。面积宽敞的卧室空间，除了床体本身的刻画，还有其他的家具陈设要详细交代，例如衣柜、床榻和窗边的小沙发茶几组合等，这些都是经常用到的卧室陈设（图8-29）。卧室界面的处理要配合大的设计风格特征，除此之外，卧室在表现中最重要的是将各类布艺品协调在同一空间里，色彩的搭配、质感的对比、整体空间感觉的营造、温馨氛围的把握等都要有所体现。但无论以怎样的方式呈现卧室空间，舒适性和宜居感是永恒不变的主题。前面提到过，对于透视视平线的把握卧室一般宜采用和床头相当的高度，也即床头上端的线要接近水平线，这样的视角床面相对窄一些，罗列在床上的布艺品要按层次摆放好。透视关系要做到准确无误，需经过一些练习，多刻画这个角度的床体，各种色调混搭的床，对卧室整体空间的表现会非常有帮助。

图8-29

　　卧室的光线来源通常有两种，一种是自然光，也就是阳光；另一种是人工光，来自灯具照明，自然光是通过窗口照射进卧室的，方向明确，而灯具照明则要看灯具摆放的具体位置。明确了光线来源，就可以确定卧室的黑白灰和明暗关系，一般情况下大多会选择以窗口方向作为光线的主要来源来布置物体的素描关系，并且会用灯光作为辅助光源来丰富卧室的层次关系，把自然光和人工光结合起来运用。当然还会用到一些暗藏的灯带或者壁灯之类的光源，对待这种光源时要采用偏黄偏暖的色调进行渲染，以配合卧室和居室的温暖感觉。需要指出的是，如果后期上色，则多采用彩铅进行柔和的过渡，而少使用马克笔。线稿阶段需要解决的明暗问题，多是在卧室内陈设家具的暗部和投影的线条铺设，但线条不能太多，仅起到区别明与暗的差别即可，对于面积较大的暗部，有时也可不予处理，在上色完成以后再进一步描绘也行，而投影的宽度和面积在低视平线的透视角度下也不会太大，采用简单的线条刻画即可（图8-30）。

图8-30

床是主要的家具，远离窗户的侧面要处理为暗部，但这个暗部的颜色一般不会很深，这是因为床单的颜色大多是浅色调，且为柔软材质，因此表现这种暗部时就要因地制宜，线条的运用不能生硬，根据床单的褶皱来细致刻画，线条尽量柔和，床与地面交接的地方，要拿线条仔细填涂，排线规整，使床体看起来不飘，有稳定感（图8-31）。

图8-31

## （二）室内公共空间

室内公共空间大都比住宅等私密空间宽敞开阔，场景内容多，因此公共空间的表现要基于这种尺度感，并着重强调空间的宽松感觉。从表现图的构图之初，就要刻意捕捉这种空间特质，只有具备了这样的基点，才能顺利并正确地表现公共空间的特点。透视关系的选择上要充分考虑将建筑结构包含其中，明确地传达场地感。各类室内陈设组合关系、大小比例、近大远小规律等要与整体空间相匹配，烘托氛围的其他元素，如动态的人物等，也不能太随意地添加，尽量减少杂乱无章的感觉。确立好大的结构框架后，要逐步完善室内空间的建筑结构和物体前后层次关系，光影明暗等进一步铺展开，物体的暗部和投影要恰当地交代，在前后重点明确的前提下，着重刻画画面重点部分的被光面和投影，把握好描绘的程度，为后期上色留出充足的空间。

室内公共空间包括办公室空间、餐饮空间、商场空间、娱乐空间等，这些空间类型比居住空间面积大，功能复杂得多，空间组成及配套部分也较复杂。常规来说，办公空间是由主要办公空间、公共接待空间、交通联系空间、会议空间以及一些附属的配套设施等组成，在具体表现中，主要办公空间和公共接待空间以及会议室是刻画的重点，主要的办公空间是此类空间设计的最核心内容。大体上按面积分为小型办公空间、中型办公空间和大型办公空间，小型办公空间面积在40平方米以内，具有较好的私密性和独立性，适合执行管理工作。中型办公空间在150平方米以内，适合组团式的办公方式，相互之间联系起来比较方便，大型办公空间面积就更大了，各部分分区相对较明确，既独立又联系密切。

办公类的家具，包括组合起来的办公桌椅、各类隔断、会议桌等，是办公空间的主要陈设，这些陈设功能性强，材质相对并不复杂，造型简洁而现代感强，色调也很浅，刻画起来反而简单，没有很多风格的约束和造型的要求。比较诸多的设计流派可知，办公类家具的刻画舍去了不必要的造型因素，只重功能，显得实用许多，这给表现办公空间的手绘工作者带来了简便的刻画思路。既不必过于关注办公类家具的细微差异，只抓大的细节特征，并且大的特征基本来说都是一致的，都带有强烈的时代感。现代化的办公条件必须要有现代化的办公设备来支撑，因此要时刻关注现代办公设备的更新换代，外观特征的细节变化及时搞清楚，这些重要特征的描绘是办公空间不可缺少的信息传递载体，通过这些信息传递，我们能第一时间捕捉到重要的信息，例如这是一家什么样的公司，其实力如何，它的企业文化是否浓厚，等等。

办公空间的领域可分为单独的办公室和开放式办公室，独立的单间办公室相对封闭，办公环境安静，干扰少，这类办公空间的设计内容除了解决基本的功能需求外，对环境质量和企业文化的表述也是同等重要的。其中的办公家具比开放式办公室的要求要高一些，体现档次感和尊贵感。公寓型办公空间近年也大量出现，它是类似于公寓单元的办公组合方式，这一类的办公空间有居住和办公的双重功能特性，内部的空间组合有分有合，宜商宜居，强调公共性与私密性关系的协调处理。表现这种办公空间时要区别纯粹的商用办公空间，除了表述办公空间的理性特征，对可居住的性质也要适当渲染，体现商住两用的特点。

办公室室内设计表现，旨在体现良好的办公环境，刻画的重点放在界面表达、采光和照明的处理和色彩的运用以及氛围的营造上，一些必要的办公家具的尺寸要把握到位，尺度比例与室内空间的高度等应协调一致，需要指出的是，由于办公设备、照明和员工工作时的心理需求等，办公空间的室内净高，多在2.6米左右，在添加人物等画面要素时要注意高度比例关系。

办公室的界面表达，一般都很简洁，不要过多的颜色渲染，空间理性和宁静的气氛描绘是着重营造的部分，即使是独立的办公室，室内色彩表达也宜淡雅，而非浓艳（图8-32）。

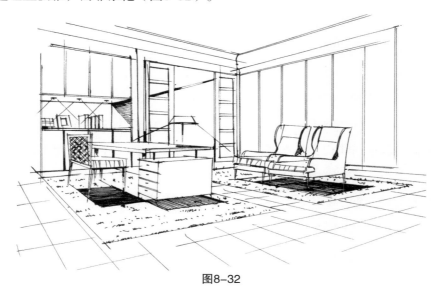

图8-32

　　会议桌是办公空间不可缺少的陈设，会议桌的规格有大有小，从五六人到满足十几人使用的都有，类似于餐桌椅的刻画，会议桌椅应被作为一个整体对待，桌子相对简单，而成排放置的椅子则要稍难一些，除了本身细节和比例难以把握外，相互之间的大小比例和透视关系也是比较令人头疼的，还是应该把成排的椅子看作一个整齐划一的物体，靠背的高度、坐垫的高度和宽窄度都在一条线上，椅腿的位置连线也都指向消失点，只要掌握了这些规律，不管是刻画餐桌椅，还是会议桌椅，都会变得简单可行。

　　餐饮、娱乐等空间的设计是室内设计领域里非常重要的一个内容，这类的空间设计水平往往是和当地城市的经济、文化发展实力和消费水平息息相关的。伴随着生活工作节奏的加快，酒店等餐饮、住宿空间为不同的消费者提供了完善的服务，快捷酒店大量涌现，它在舒适度和便捷性等方面比较看重。在满足了基本的功能需求外，现代酒店在功能扩展方面也走得越来越远，逐渐综合化，现代设施和技术被不断使用，并且在环境的营造方面越来越重视地域性和对本土文化的挖掘，新东方主义、东南亚风格等就是这类设计语言的代表。文化内涵的表达是现代公共空间环境设计的一个趋势，因此在手绘表现这些空间时，要切记赋予它们必要的文化属性，并且要针对不同的地区来选择具有当地文脉特征的陈设用品，因此在平时的积累中，应着重于一些具有地域代表性的陈设与装饰语言的刻画，以提高环境的文化内涵，用时信手拈来，也能节省翻阅资料的时间。

　　酒店的设计表现，大堂在各个组成空间中无疑是重中之重，作为最重要的交通枢纽，且是提供各类服务的中心，其具备迎接宾客、咨询服务、登记、等候休息等多种功能。客人到达酒店后产生的第一印象便是来自大堂的空间形象，所以大堂的设计装修都力求富丽堂皇、个性鲜明，以便给人留下深刻的印象。完整的大堂空间应包括入口、门厅、中厅、休息区域、服务台等，在表现酒店大堂时，要把空间的分区明确地加以体现，虽然是室内空间，但应强调大堂的开敞流动性，视线尽量不受阻碍，视角的选择要让人对大堂空间的布置一目了然。大型的酒店大堂会设有专门的休息区域、咖啡厅等，这些区域应该单独表现，同时注意设计风格的延续性。大堂的交通流线设置要尽量流畅，避免交叉干扰，流线安排多是从入口到第一层电梯厅或是总服务台，然后由服务台至电梯厅，为了突出这些主要的交通动线，人物的放置就比较讲究，静态的人物多放于服务台，而动态的行走的人要设置在这些主要交通流线上，以体现设计的动线规划。大堂装修材料的表现，是按照既定的设计方案来确定的，但不管是何种材料或材质，均要表达出材料耐脏、耐磨、洁净、整体的效果，因为作为人流量最为集中的场所，维修清理时比较不便，也要注意不同功能区域的氛围营造，比如总服务台要体现川流不息、人来人往的热闹气氛，以象征商业运营的成功，而休息区域则尽量把安静舒适作为气氛营造的基础（图8-33）。

图8-33

餐饮空间在室内表现中会经常碰到，一般可以分为中餐厅、西餐厅、休闲餐厅、主题餐厅、宴会厅等，每种空间都有其独特的风格。由于餐饮内容的差别，餐饮空间的装修装饰有不同的要求，其中宴会厅的面积是比较大的，功能也最为复杂，休闲主题餐厅的面积就小了很多。餐饮空间的主要功能，当然是提供就餐环境，人类饮食文化源远流长，食物向来都是文化不可缺少的一部分，要营造餐饮空间，必然体现与之密切相关的饮食文化。现代心理学和色彩学也对餐饮空间的色彩运用提出了完整的理论，这些都成为餐饮空间设计表达的基础，从大的方向来讲，餐饮空间的色调表达应是以能调动人的味觉神经和胃口的颜色为最佳，例如橙色和红色等暖色，一些快餐店等大多采用这样的颜色，以刺激食欲。另外，餐饮空间在表现时一定要将干净整洁作为色调的基础，忌昏暗，宜明亮，除非是一些故意设计为深色的空间，来形成对比的效果。以明显的风格特征来预示餐厅的分类，在绘制表现图时要抓住这个要点，使观者能第一时间辨别出餐厅的种类、有什么样的特色等。高档的酒店空间与主题类休闲餐厅不同，它以承担重要的聚会、社交为主要功能，多是人数众多的宴会，因此类似于宴会厅的表现，重点放在色彩明快、华丽舒适的表达上，并且宴会厅的层高较高，也要注意选择合适的透视角度，以体现高大宏伟的空间气派感。层高的宽裕，给灯具和吊顶的表现带来了空间，特别是一些高档的场所，应着重于灯具形状和细节的刻画，吊顶当中一些暗藏的灯光，对空间氛围的营造也至关重要，要详细描绘（图8-34）。餐桌椅的摆设，在画面上应得到体现，其位置的设定，一定要按设计方案执行，不能纯粹为了画面美感和协调性的需要而随意挪动和添加，餐桌椅的摆放应保证客人流动和服务流动的便利性，同时照顾客户的心理安全感，服务的线路和主要用餐区力求在画面上交代清楚，使观者一目了然。

休闲类的主题餐厅或者咖啡厅，面积适中，没有宴会厅宽敞，表达的重点是体现主题，主题的表现是否到位，对设计的说明至关重要。强烈的个性特色气息，扑面而来的舒适感受和怡人的就餐环境，共同构成了小空间餐饮环境的刻画要素，色调忌生冷，宜温暖柔和，虽和家居环境色调相近，但应首先体现其功能主张，地方性的差异表达也越来越受到关注和重视，各类菜系背后的文化根基同餐饮环境的关系相辅相成，用传统的表现语言和素材来阐释现代空间是发展的趋势（图8-35）。

图8-34

图8-35

# 第九章　营造光感的色彩渲染工具：马克笔技法

## 一　马克笔基础知识

马克笔的颜色分类多达百余种，按照色系大致可以分为灰色系、黄色系、蓝色系、绿色系、红色系等，但马克笔中也有找不到合适的颜色型号的情况，这时就要用两支或者多支马克笔叠加混合来得到想要的颜色，所以也应该尽量了解两支马克笔叠加后的颜色效果。

在用马克笔刻画物体以前，必须首先了解马克笔的性质，就像要打好篮球，必须要练习运球、投篮等基本功一样，要先熟悉"球性"，用马克笔也要熟悉"笔性"。马克笔分为水性和油性两种，目前多用油性马克笔来绘制效果图，油性笔以二甲苯为溶剂，效果与水彩类似，干净透明，色度较好，由于挥发性，用完要随手扣好笔盖，马克笔的颜色上纸后，相对是比较稳定的，可以存留较长时间。由于马克笔的颜色每一支都是固定的，不像水彩水粉要现调颜色，所以下笔后的颜色无法更改，要求在画时一定要看准，分辨不同型号的笔是什么颜色，要了然于胸。熟悉手头的笔，唯一的办法就是多练习，熟记每支笔的颜色特性，用的时候尽量不要再在其他纸上试画。由于马克笔颜色的固定性，要想颜色丰富，手头的笔就必须足够多，"巧妇难为无米之炊"，但也不是不加分辨地每种颜色都要有，应针对自己的绘画习惯，确定好常用的颜色型号，制定一个型号表，按此进行更新补充，会省去一些不必要的麻烦。通常来说，复合色和灰色系是使用频率较高的颜色，必要时每个型号可以备两支。纯度较高的色彩多用来点缀，室内效果图还比较常用，室外就用得比较少了，建议少买，特别是建筑类和景观类表现，有时可以用彩铅替代，颜色效果要柔和一些，彩铅作为辅助的上色工具，用好了会锦上添花，起到马克笔难以达到的效果。另外需要注意的是，作为初学者，应该知道，马克笔颜色不能覆盖，只能叠加，淡色无法覆盖深色，所以在上色过程中要先画浅色，后上深色，颜色逐步加深。如果在深色上再添加浅色，则深色容易被稀释掉而使画面变脏，需要注意，不同色系的马克笔尽量不要大面积叠加，特别是对比色，例如红色与绿色、红色与蓝色、暖灰与冷灰等，如果叠加颜色会变浊，使局部变脏，如果碰到不同色系叠加的情况，也可以选择用彩铅来进行弥补，单用彩铅很容易使画面起"腻"，但作为马克笔的辅助工具组合使用效果就很好了，彩铅能淡化马克笔的笔触，根据需要使用，可以调节画面的整体感，丰富画面的色彩变化，在营造某些粗糙质感方面独具优势。

初学者是难以把握好马克笔的笔触规律的，但马克笔的笔触却是手绘表现好与差的关键因素，马克笔的笔触特点是：肯定、干脆、利落，其笔触本身所展现出来的美感不容忽视。在日常的练习中，应刻意利用好笔触的特点和技法，而不应该故意遮掩笔触，使马克笔本身的价值难以发挥。马克笔笔头宽而硬，掌握不好很难画出应有的变化，通过练习掌握笔性，会越来越熟练。马克笔的笔头有宽窄之分，各有所用，日常的物体刻画，多用宽头，但宽头角度独特，有时难以把握，所以使用起来需要适应，想要熟练地用好马克笔宽头，必要的专项训练不可少，这样的基础训练只是为了掌握马克笔的宽头使用性质，在日后具体的物体刻画中还要因时制宜合理地选择不同的技法。马克笔本身的笔触是塑造形体的基础，因此笔触的形式和美感，将直接影响到物体表现的美观和效果。马克笔的笔触分类中，最基本和使用最多的，是直线的排列，也是比较难把握的一种。马克笔的笔头与纸面接触的时间越长，颜色溢出便越多，笔触就显得比较重，而在直线的排列中要尽量避免笔触较重的现象，起笔收笔要迅速，不能犹豫，下笔果断，直线要直，不能弯曲，力度均匀，一旦马克笔头与纸面接触，便要快速移动，否则容易形成一摊颜色，边界不好控制（图9-1）。

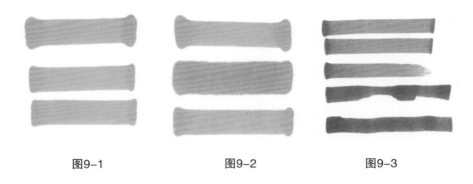

图9-1　　　　　　　　图9-2　　　　　　　　图9-3

马克笔移动的快慢，也会造成颜色深浅的差异，运笔慢，颜色深一些，运笔快，则颜色浅，透明度高，因此有时候仅用一支笔也可以表达色彩深浅变化的效果，这些都是马克笔的笔性，在练习过程中要仔细体会，逐步掌握（图9-2）。用马克笔画直线时起笔不要力度过大，运笔过程中不能抖动，笔的宽头下端部分要与纸面全部接触，否则就会出现缺口或锯齿等错误笔触，影响画面观感（图9-3）。手腕拿笔不能抖动，直线如果画成弯曲线或是蛇形线，就没有了表现力度，马克笔本身的笔触美感就不存在了，在收笔时要注意，要迅速使笔离开纸面，线用多长画多长，不能画到物体之外，使颜色溢出，这是初学者经常会犯的错误。出于某些特殊效果的需要，有时会用到"枯笔"或者"扫笔"的技法，与直线的画法不一样，扫笔不用起笔和收笔，只需要在画的地方快速扫动，保持笔触干净笔直，一次成形，不能修改，提前判断好"扫"的长度，此时笔的颜色太足反而不容易画出效果，快干而又未干的笔头是比较合适的（图9-4），因此一些快要断色的笔也不要随意扔掉，必要时会派上用场。

图9-4

马克笔的排线多用来塑造块面的色彩和质感，排线的方法也很关键，一笔叠加一笔的排线是最基本的技法，其他的技法都是在此基础上发展而来。针对不同的材质要用不同的排线方法，有的材质极硬，为了体现硬度和亮度，笔与笔的叠加需要看清楚笔触的边缘轮廓，在画时一定要等上一笔干透了，然后再画下一条线，清晰的笔触叠加，利于看清笔触的变化，画面层次丰富的效果较为明显，线的垂直交叉等组合笔触，也要一笔一笔耐心画，不能急于求成，否则达不到预期的效果。而有的材质柔和细腻，表达起来需要隐藏过多的笔触痕迹，这就跟硬材质的刻画恰恰相反，每一笔之间的时间间隔尽量缩短，使笔触相融，浑然一体，运笔时不要一条线一条线排列，而要来回拖笔，使宽笔头始终不离开纸面，需要颜色深就来回多带几笔，需要颜色浅则少拖几笔，这样会得到一整块颜色的均匀变化、没有笔的运行痕迹的色块，柔和透明，有的材质恰恰需要这种效果（图9-5）。

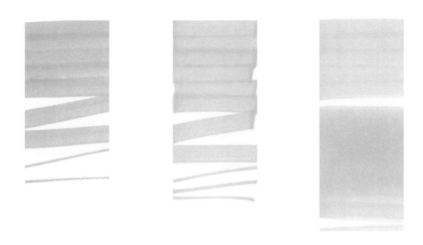

图9-5

　　在一幅整体的图中，如果全是横平竖直的直线笔触，则会显得过于呆板，没有生气和感染力，也不符合一些复杂形体的表现方法，像植物等生物体本身没有规律的结构外观，单纯用横竖排线很难表达到位。因此，像是循环重叠笔触用到的还是比较多的，得到的大块面的色彩深浅变化丰富而微妙，在表现植物特征时更显得自然。披麻点和组合笔触能表现出树木枝叶和花草等的外观形状。这种方法在运笔时是比较灵活的，不拘泥于一个方向，随形赋色，来回拖笔而不排线，并且拖笔距离短、速度快，甚至有时不来回拖直线，而是用打转的方式，使笔触边缘柔和，得到类似叶片的形状。这种拖笔切忌下笔就不停地拖，而是拖几笔就停下来观察，然后根据需要在合适的位置再画，否则容易连成一片，没有空隙，不透气，就比较死板了。总的来说，马克笔初学时是不容易掌握的，必须经过长期练习，不断临摹，仔细体会，在实际的应用中把它的颜色渗透、快慢变化、轻重缓急、抑扬顿挫等特点消化吸收，才能熟练运用。

　　基础的马克笔运笔方法不多，掌握了以上几种，然后再多加以运用练习，熟能生巧，画多了自然而然就能掌握马克笔的习性，为表现图的绘制打下坚实的基础。在掌握了基本的马克笔用笔技法后，就可以针对性地用单色或是多色来进行一些基本的用笔练习了，一来进一步熟悉笔性，二来可以刻意去记忆每个型号的笔的颜色特性。

马克笔的重要练习手段之一，就是对色块的平涂，也就是限定一块规整的面积，对其平涂上色，这对熟悉马克笔特性极有帮助。首先，尽量保证颜色的均匀统一，但真正画起来是很难的，面积稍大的填涂上色，用马克笔的宽头快速落笔，等上一笔未干时下一笔迅速接上，边缘的处理也是这样，要用颜色饱满的笔沿边线重绘，速度要快，尽量不让颜色溢出。想要得到效果满意的填色，在颜色干透以前就要完成所有动作，但事实上，即使动作快，色块上仍然会留下笔触相接的痕迹，或是由于运笔速度快慢不同导致的颜色的微弱变化，这些正常的"意外"，都是可以接受的，并且有时颜色的自然变化会使色块看起来更加生动，有利于画面表达的"差异"，要予以保留。笔头与纸面接触的时间长短，影响着纸对颜料吸收的多少，所以画时如果笔的移动速度快慢不一，则颜色有可能深浅不同，应保持运笔速度的一致，但要想刻意得到深浅不同的颜色变化，运笔就要快慢结合，把握好轻重缓急。

大面积色块平涂，要求马克笔出水均匀，颜料饱满，如果出水不均，会导致画面不均，笔触叠加凌乱。小面积色块就无所谓了，可以用旧笔。半干的笔也不要扔掉，枯笔的笔触有时也是我们所需要的。

另一种方法是，可在纸上列出同等大小的数个长方形，用马克笔填色来达到练习的目的。先选择单色进行叠加，即用同一支马克笔重复涂绘，重复次数越多，颜色就越深，要从上到下或者从下到上演练从深到浅的颜色变化，但不宜重复过多，否则容易划破纸面，这是最为基本的铺笔练习方法。前面提到过马克笔分为若干色系，也可以用同色系的不同深浅的笔在长方形内进行同色系渐变，根据明度的不同，依次从上到下演练从浅到深的变化，先涂浅色，后加深色，如要得到柔和的渐变，可在头遍颜色未干透时即涂深色，则深浅之间相互融合，笔触层次细腻而不明显。如在头遍颜色完全干透后再叠加深色，则色彩统一，笔触刚劲有力，秩序井然。也可以用不同色系的颜色来练习色彩渐变，只是在画之前要先选择适当的色彩进行搭配，避免不协调的色彩放在一起，渲染时尽量采用湿画法来达到颜色相互渗透的自然过渡感觉（图9-6）。

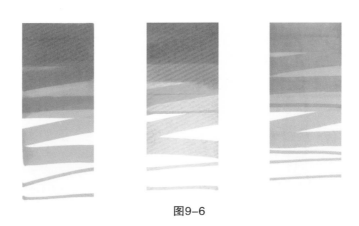

图9-6

　　不同的笔触和方向变化，能产生不同的效果，垂直和水平的笔触排列，通过运笔的快慢能得到浓淡均匀过渡的退晕光感。我们经常说随形赋色，也就是根据物体结构来选择上色的方法，其实马克笔与钢笔线条排列有相通之处，如果物体呈竖高状，就要用横向笔触去塑造，也就是笔触横向排列，这样的画法优点在于横向排列的笔触短，容易产生变化，以体现细节感，有时也用于表现地面或者顶面的进深感。如果物体呈扁平状，则宜用竖向排列的笔触去刻画，道理是一样的，利于捕捉细节的变化，有时也用于表现石材、玻璃、木地板等坚硬而有反光的硬面质感或者倒影。简单来说，一个通用的道理是横结构的物体用竖线刻画，竖向结构的物体用横线表现，马克笔的笔触排列，总是要垂直于物体结构，这样便于刻画，也容易体现笔触本身的美感。

　　对于物体结构形象最为直接的影响，就是透视关系了，物体除了平的线和竖的线，还有相当一部分是向消失点消失的线，这些线构成了具有透视变化的物体的面。因此，马克笔在上色时，除了横向和竖向的笔触外，也有一部分笔触要跟随透视关系进行方向的变化，即马克笔笔触与透视方向保持一致，去刻画这些透视关系最明显的面，结合横向与竖向的排线，使得画面更加生动形象。有的物体如果面比较大，在涂的时候要注意，不要平涂，尽量找些颜色深浅的变化，否则容易呆板，可在运笔过程中将速度调节好，需要颜色深一些，就来回多带几笔，需要色浅就一带而过。笔在纸上停留的时间不一样，纸吸收的颜料多少也不一样，导致色彩的不均匀，有时我们恰恰需要这种变化来体现光线对面的影响。

## 二　马克笔色彩叠加技法

在马克笔的实际使用中，单支笔很难达到我们想要的颜色丰富的效果，不同型号的笔的叠加使用给了我们更多色彩运用上的选择，使画面更加富有生机，正确的叠加技法是保证画面干净的基础。叠加技法，大体上可以分为直线叠加和曲线叠加，这两种叠加的用途不同，直线叠加一般用来渲染规整的物体，像建筑立面、墙面、景观构筑物、地面铺装等。曲线叠加用来表现结构不规则或是生物体等东西，例如各类植物、有机结构的物体等，这两种叠加是马克笔塑造物体的基础，要认真练习，熟悉规律，灵活掌握。

马克笔水平直线的叠加，最简单的形式就是同色系的笔相叠加，适合表现面积小而且简单的渐变效果，其色彩形式单一，没有丰富的视觉感受。同色系的叠加，根据需要可将笔触处理成明显或是不明显。选择某一规整的面，取两支到三支同色系马克笔，遵循从浅到深的原则，用最浅的颜色先铺设底色，底色一般是不需要看清笔触的，因此可以快速平涂完成，然后拿稍深的颜色铺设中间色，注意中间色不要涂满，可留三分之一的空白处，如需较明显的笔触，宜在此时恰当处理，必须要等底色完全干透。中间色的马克笔铺陈时也要一笔一笔干透，这样笔触才明显。如不需要笔触，则不等前遍颜色完全干透即进行第二次刻画，让交叠重合的线条没有明显的接痕，最后用较深的颜色，涂三分之一的面积（图9-7）。这样同色系渐变叠加就完成了，如果过渡关系不理想，可以根据需要再用深浅不同的笔进行调整，以达到满意的效果。同一型号的笔，每叠加一次，颜色就相应变深，也可以利用这个特性进行深浅颜色的渐变过渡。

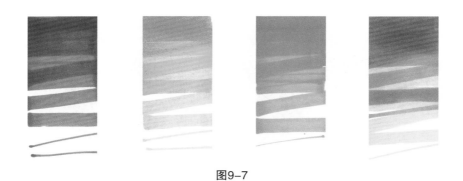

图9-7

不同色系的颜色叠加，有时会产生令人意想不到的效果，由于颜色的属性，不同颜色叠加能产生新的颜色，例如黄色和蓝色叠加能产生绿色，以及对比色叠加能产生灰色等，应熟知这些色彩特性。在练习中应尝试不同颜色叠加，以便得到颜色变化的经验。需要注意的是，不同色系颜色的叠加，一定要把握好叠加的程度，以一种颜色为主，另一种颜色起衬托作用，则效果看起来丰富，不至于脏。有时候也只需要一种颜色，但明度太高时就可以加入灰色系去协调，使明度和纯度降低，即使是灰色，也有暖灰和冷灰的差别，在使用时要根据被覆盖的颜色冷暖去选择合适的灰色系。

除了简单的横竖运笔叠加，曲线交叉叠加在表现图中也是常用的，主要是用来表现植物特征，采用不同方向的短曲线来进行叠加，笔触长短不一，粗细结合，小角度地变换方向，形成斑驳错落的枝叶排列形状，笔在运行过程中不要离开纸面，除非在变换方向时可以离开纸面进行观察。这种叠加相对自由随意，没有可以遵循的规律，只按照植物生长的规律和结构去画，效果丰富而有张力（图9-8）。同时可以添加其他颜色，例如同色系的深浅色，或者表现空间距离的低纯度颜色，植物的深绿色和浅绿色的运用，都能使植物前后层次得以体现，拉开空间关系。

图9-8

某些特殊的材质，在表达时需要特殊的技法，例如粗糙的墙面和亚光的木材质，以及毛面的石材等，都会用到枯笔的效果或者扫笔的技法，大致是从左到右或从右到左，运笔由重到轻快速扫过，快速离开画面的笔触可以产生枯笔形状，然后根据需要控制笔触的长短和浓淡效果，彩铅的加入可以弱化深色的马克笔笔触，使过渡均匀自然。

掌握了马克笔的基本技法，就要逐步将其运用到实物刻画中去，简单的几何体刻画，是快速掌握物体刻画要领的有效方法，立方体、长方体、球体、圆柱体以及这些物体放在一起时的组合等是常见的场景，画前设定好光线方向、明暗关系、物体固有色等，尽量发挥一支笔的变化效果，利用好颜色深浅的区别。定好光线方向的目的，就是要明确几何体的哪个面是亮面，哪个面是暗面，再根据明暗关系去刻画，这一点也适用于所有场景表达。马克笔的技法，刻画的重点永远是在暗部，而非受光面，暗部的处理要稍微复杂一些，亮部和灰色面处理尽量简单，甚至留白，形成受光和暗面的强烈对比，以此塑造形体感，用尽量少的笔触表现出几何体的黑白灰等素描关系。即使同一支笔，用笔的力度轻重、笔触的叠加次数都会体现出颜色深浅的变化，将这些深和浅的变化运用到暗部和亮部的处理中，用对比来体现形体的质感。几何体的笔触排列一定要按照透视关系来画，遵循物体的结构，注意虚和实的体现。画受光面，笔触更加明显一些，单体的上色、亮部和暗部的对比宜强烈，相对要简单得多，物体不需太多笔墨，一支笔不够可增加一支同色系的深色来补充暗部，最亮的面可以留白，或者借助彩铅铺陈淡淡的色调。如果暗部的面积稍大，则可以用一些笔触变化来丰富画面，这些变化包括运笔的速度快慢、笔在纸上停留的时间长短、来回拖笔的次数多少等，最后明暗对比的分界线要强调一下。投影也是光影关系的重要部分，要考虑到投影的接受面的固有色和质感因素等，作为确定投影色调和笔触的依据，大面积的投影不要画得太呆板，适当找一些颜色的透气变化。如果是稍微复杂的场景，像是几个几何体放置在一起，则要考虑到相互之间的光线遮挡和联系，投影的变化和影响等。

## 三　如何使渲染效果生动明亮

　　表现图最为直观的视觉效果，或者说，渲染图吸引人的地方，就是光线所塑造出来的明暗对比，所以一幅好的表现图最引人注目的地方，就在于暗部和亮部的处理，也就是对比的处理，而对比源于光的照射，渲染的根本是光线，它使物体具有了体积和形状，以及基本的明暗关系。光线本身并不可见，我们通过描绘物体去表达光线和光感，这要求我们要有意识地观察日常生活中各类物体在光线照射下所表现出来的特征，并尽量用马克笔描绘出来，这对提高我们的光影塑造能力极为有利（图9-9）。

图9-9

虽然自然界中的物体处在多种光线的照射下，但是在绘画时，特别是设计手绘时要将其简化，概括为四种大调：亮部、暗部、高光及投影。亮部接受光的照射量最多；高光处在亮部，面积范围很小；暗部则完全不受光线照射，但其他物体表面产生的反射光可对其产生影响；投影则是由于主体的遮挡在其他表面产生的暗部，它比物体的暗部更暗，不受反射光的影响。近处与远处的投影略有不同，逐渐退远时影子的边缘会减弱，并且往往边缘线附近要较内部更暗一些。在光线的照射下刻画物体首先要把明暗两个极端的色调设定好，其他部分的色调深浅则在这两个范围之内变化，要注意太亮和太暗都不是最佳选择，这两个极端的色调要慎用，纯黑的颜色给人以沉闷忧郁的感觉，投影中可以少量用到。画面中需要渲染的主要物体，其亮部、暗部、高光和投影都要详细刻画，即使简化，也要有亮、暗和投影三个层次，背景上的物体有明暗两调即可（图9-10）。马克笔的灰色型号分了很多灰度，并且有偏绿、偏蓝等灰色可选，可以轻松胜任对物体明暗部及投影的处理。如手头笔的型号不足，需要浅色灰度时，可将稍深的笔头以酒精浸湿，或用棉球蘸酒精擦拭笔头，接下来的几笔，颜色会变淡，需要颜色丰富时这种技法十分好用。

图9-10

## 四　马克笔手绘表现图画面层次关系处理技法

手绘表现图的使命，使得它必须清晰明了，易于领悟，一幅鲜明、有吸引力的画面离不开明暗调子的合理运用，相对于纯艺术绘画，明暗调子处理对表现图来说有时比色彩运用更加重要。设计表现无疑是要突出主题，交代意图，就像将某些物体置于聚光灯下，弱化其他而强调想要强调的。通常来说，较完整的表现构图，都会分为前景、中景和背景，也就是说，对应的有三个明暗分区，亮调、中间调、暗调，这三个明暗调子在具体应用中并非一成不变，可根据需要相互变换，最常见的组合方式是前景为暗调，中间为亮调，而背景为灰色调。作为表现主体的中景，如同在聚光灯下，明暗对比强烈，亮的更亮，暗的更暗，形体感强烈，而背景和前景有时可以互换，多数情况下背景的对比要减弱，产生柔和的边缘，以衬托主体。前景多作为框景或者使画面构图完整的作用来使用，色调暗。这样明亮的中景处于灰色调和暗色调之间，明暗基调的差别一目了然，主体自然而然会更加突出。针对一天内不同时段的光线变化，如日落时分的场景图，就应该根据需求变换前景和背景的明暗调子，但记住，最强的明暗对比是在中景区，那里是表现的主体。

在二维的平面上创造三维效果，是通过透视原理来实现的，马克笔上色阶段会使物体有向前或退后的视觉效果，线稿刻画的前后物体的遮挡关系以及透视原理产生的近大远小等规律，虽也可制造纵深感，但效果并不是最好的，具体到上色阶段，退远的物体，例如建筑或是植物，会因大气等原因变得模糊，色调发灰偏暗，并且远处的物体亮部变暗，而暗部则变亮，因此远处的物体极少有纯白或者纯黑的颜色，都偏向灰色。由此可见，处理远处物体要用中灰色调的马克笔型号，制造中间调子，物体的固有色随距离的推远纯度逐渐降低，色调也会由暖变冷，远处物体色调偏冷灰，极少数有纯粹的鲜艳颜色（图9-11）。暖色有向前的视觉特征，冷色则是退后的，这一点有利于我们在描绘远处物体时选用正确的色彩。

图9-11

退后的物体细节减少，边界柔和而不清晰，背景应减少细部的刻画，画面的焦点只应集中于中景或是主体的局部，其他则粗略刻画，特别是远处的物体，这也是拉开前后层次关系的重要手段。对于背景的创作，要把握以下几点原则，首先，构图的问题，表现的主体并不一定要处于背景中心，这样的构图过于呆板，没有流动性，易形成画面的静止。使背景偏离主体，或使主体部分位于背景之外，打破背景的边界更有效果。其次，在色彩运用上除了以冷灰色调为主外，要选用比主体色调更弱的颜色，如果允许，应当应用主体颜色的补色，使主体更加鲜明和有戏剧效果，粗略地处理背景，会使主体显得更加精巧细致。

## 五　马克笔的色彩运用和搭配

客观的物体，都具有固有色，但光线照射在物体上时，固有色会发生变化，正是这些变化塑造了各种物体的三维效果，渲染图正是在光线的烘托下去表现设计效果。各个面上反射的光线的多少决定了其色调的深浅和彩度的不同，多数情况下设计表现图只有很少量的颜色接近于物体的固有色，亮面、暗面等都是在固有色基础上把色调减弱或者增强，同时使其偏暖或偏冷，形成立体感，增强真实性。

光线的照射使物体颜色发生变化，具体作画时如何应对颜色的变化呢？最好的办法就是制作手头马克笔的"色环"，将马克笔按照相近的颜色顺序画在纸上，注意因为不同纸面对颜料的吸收不同，所以应该用常用的纸张去制作。相近的颜色放在一起，或是同一色调从深到浅排列，这对颜色的选择会极有帮助。如果条件允许，还可以将两种颜色的叠加效果放上去，因为有些颜色的叠加也会经常用到，例如在处理远处的绿色植物或者把绿色调减弱为偏灰时，会在上色前先涂一遍淡红色，上黄色时先涂一层淡蓝色等都是利用补色原理使颜色发生细微变化和调和。为了改变颜色过于鲜艳的效果，也常常先画一层灰色调来降低纯度，使画面更加耐看，但要控制好量，否则画面容易脏。制作"色环"是比较直观的工具，能帮助你在短时间内找到正确的颜色。

钢笔墨线加马克笔上色是表现图的主要方式，钢笔线稿用来勾画外形，马克笔渲染，使画面更加接近真实。就本质来说，用线条刻画物体然后用马克笔上色，最终得到的视觉图形是物体本身，由于马克笔给各部分添加具体的颜色，颜色的多少会给人不同的感觉，有时不宜过多上色和充分依赖线条是聪明的选择，马克笔本身的笔触就极有表现力，想要不使画面看起来凌乱，最好选用不超过三种色调，相互之间搭配协调，或亮或灰，互相补充，主色不要过于绚丽，以免显得"火气"。场景复杂一些的表现图，色彩范围要扩大很多，怎样不使画面看起来"花"呢？首先，要从色彩选择上进行控制，限定几种主要颜色，尽量用很少的颜色表达丰富的效果。画面里总有一些物体要用相同的颜色进行刻画，例如木地板的颜色和木质家具的颜色相近，水体和玻璃与天空的色调一致，注意总结这些接近的色调，会使画面里的色彩更加调和。其次，在上色以前，先为画面定好基调，是暖调还是冷调，这样就先为画面指定了主要色彩，暖色调画面以褐色为主，冷画面以蓝绿色为主，当然，其他颜色并不是不能使用，可以酌情添加，但不是主体色（图9-12、图9-13）。灰色是画面永远不可缺少的颜色，大胆运用灰色和黑色，可以营造空间层次感。最后，在绘制表现图时，可以有选择地重点"讲述"其中一部分，对重点部分完整刻画，其他则大量保留线稿，或者少许上色，使主体与周围环境形成对比，主次分明，既利于色调统一，又节省时间，趣味性更强，"味道"也更足。

设计效果表现图的上色与纯绘画的色彩原理是相通的，唯一的差别是效果图的色彩运用要极其简练。物体的固有色是要表达的主要色彩，而其他的环境光因素则很少描绘。一开始的练习都应从临摹开始，学习别人的技法，从中体会马克笔的性质和用法，熟记于心，久而久之，达到数量的高度，自然会发生质变，技法就成了自己的。室内场景与室外场景的上色练习，也都应从其内部的单体练习开始，马克笔刻画单体的技法，无非就是用马克笔表现物体的质感、明暗和细部特征，线稿的绘制要点前面已经提到，下面重点介绍各类单体的马克笔上色技巧。

图9-12

图9-13

## 六  马克笔室内陈设单体上色技巧

初学者由几何体的表现入手，如果能熟练表达几何形体，那么单体类的表现也就轻松许多。居家类的单体上色，建立在线稿刻画完整的基础上，从固有色着手，先上浅色，后加深，也有人习惯先画出物体的暗部，不管先浅后深还是先深后浅，一定要在物体上留点笔触，细腻的地方用彩铅过渡调子，增强质感，特别是一些布艺类装饰品和木制品，尝试用最少的颜色表达最主要的特征，无论是哪种单体刻画，上色前，最为重要和必要的就是分清明暗关系，哪里亮哪里暗，要心中有数，即使线稿没有交代，也要根据光线性质，确定最有利于表达的黑白灰关系。想要画出立体感，效果出众，分清明暗是必不可少的前提，只有正确地分清明暗关系才能指导我们正确地画下去，虽然明暗关系在线稿阶段就已经确立，但上色阶段如若发现不利于画面表达，也可临时调整，用颜色进行纠正。居室单体的刻画，要建立在实际的基础上，在生活中多注意观察，家具陈设的质地和颜色，常用的有哪些，尽量熟记颜色搭配和款式，对于更新换代较快的陈设，也要及时收集资料，跟上设计进步的节奏。

刻画好的陈设组合线稿需要进一步上色渲染，可用马克笔与彩铅相结合的方法。室内陈设的搭配设计首先要解决的问题中，色调组合是首当其冲的，这也是上色阶段要解决的主要问题，画面的主要色调在上色以前要设定好，是暖色还是冷色，偏黄还是偏红，初次上色宜找出各物体的色彩特征以及大的明暗关系，此时不宜画满，而是先确定主色调，为细致深入上色打好基础。深入刻画时，要细心处理物体边缘形状，稍加控制，颜色尽量不外溢，注意透明材质背景颜色和本身色彩的表达，具体物体的刻画尽量从大到小依次展开，逐步完成，每个物体之间以及个体与整体的色彩关系要协调一致，小的物品最好最后画，只画体块关系和颜色关系，桌面和地面的倒影一般放在最后处理，等前面的物体处理完毕，桌面和地面的倒影表达就简单多了。

设计表现的服务目的决定了其必须在短时间内完成对物体形体及空间特征和色彩的刻画，而不能沉溺于细节里走不出来。马克笔的上色要求一气呵成，不拖泥带水，保持轻松自然的心态最重要，不能拘谨，不要约束。色彩不过是形体的外在表象，是在线稿基础上对物体表现的深入。想让色彩的说服力和表现力得以体现，需掌握让物体真正在画面上凸显出来的方法，"随形赋色"即是说要根据物体的明暗关系和形体上色，不单单画在纸上，而是画在物体需要着色的地方，遵循物体的结构，依据光线的方向，才能充分把形体感表现出来。虽然自然界的颜色千变万化，但作为表现图的用色要简练，根据设计的色调来选用合适的颜色配置，着眼整体色调。凝练上色，一是要对颜色把控到位，用最少的颜色画出丰富的效果，二是具体形体的刻画不能不分轻重，同等处理，要有重点表现的对象，同时不能画得太"满"，以暗部刻画为主，亮部次之。主要物体的过渡区域宜有大致的刻画，颜色既要少，又要看起来丰富，这就要让中性和灰色系成为画面的主要基调，但画面又不能太过"灰"，否则虚实和黑白等各种素描关系则显得平淡无奇，没有吸引力。黑和白的对比是让画面出效果的有效手段，往往几笔重色或者黑色，就能让场景图亮起来，但留白和黑色不能滥用，否则画面容易失真，要把握好暗的地方能深入进去，亮的地方能亮起来这个原则。

沙发的上色表现是室内空间手绘表达的基础，作为家居和公共空间都不可缺少的陈设，沙发组合往往是空间表现的重点。沙发按照外表材质来分的话，大体上可以分为皮革沙发、布艺沙发、木质与布艺或者木质与皮革搭配的沙发，也有藤质与布艺搭配。布艺和皮革材质上的差别，用马克笔很难表现出来，所以多数情况下只刻画沙发的固有色，很少体现材质特征，但木质与藤质的质地感觉并不难画，在线稿基础上稍加描绘即可（图9-14）。

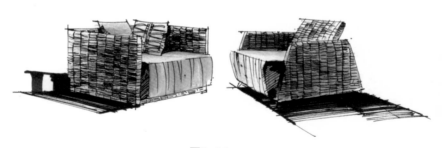

图9-14

固有色的体现，依靠明确的光线传递和明暗关系，由几何体切割而来的沙发造型，黑白灰三面的呈现应当是比较明显的，在具体表现时就要用固有色去体现这种素描关系，沙发暗部的颜色纯度应当降低些，同一个面上一定要有变化，从上到下或者从前到后的渐变关系，是很好的处理手法，没有变化的面显得呆板，如果画面允许，可以适当加入一些环境色来丰富效果。暗部的纯度和明度如果稍高，在刻画完成后可以加些斜扫的钢笔线条加以掩盖，很多线稿都是在初期大体表现，而颜色加上以后再针对具体情况做一些补充和调整（图9-15）。

图9-15

　　沙发的投影是描绘沙发不可缺少的部分，投影的颜色质地在前面也提到过，主要由被投影的材质来决定，例如石材地面和木地板，就要区分投影的暖色和冷色，一般会用暖灰和冷灰去画，按照颜色深浅合理选择笔的型号。对于面积较小的投影，有时也直接用纯黑来画，以提高画面对比，衬托亮度。面积稍大的投影，要注意颜色变化，不能平涂，宜往外逐渐变浅，最暗的部分用黑色处理，但笔触不能太大，能窄则窄，过渡到浅色时也可以用彩铅柔化。光线强烈的投影，形状要完整一些，具体画的时候要注意表现完整。布艺的沙发受光处和过渡面也可以用彩铅来增加质感表达，柔和画面，例如靠背和坐垫这两处通常来说是受光的，首先颜色宜浅，并且笔墨不能过多，特别是坐垫要留白处理，必要时稍加彩铅即可。靠背的角度稍微倾斜，不完全竖直，多是"灰色面"，采用过渡的笔触来画比较合适，体现光线的变化（图9-16）。坐垫和扶手是受光最多的地方，最亮，如果在画侧面时颜色不小心溢出，或是想提亮坐垫边缘，可以用高光笔在扶手和坐垫边缘涂上高光液，用手在高光液周边往里擦拭，使颜色逐渐变浅。

图9-16

　　沙发上的抱枕等是必要的物品，上色时要认真描绘，其色彩搭配与沙发颜色协调一致，色调有时比沙发鲜艳亮丽。纯色的抱枕比较容易画，只要分清明暗，深浅用色即可，但抱枕的布艺材质表达一般褶皱较多，在明暗表现到位的基础上，要将褶皱的特征稍加表达，塑造立体感，褶皱的笔触要掌握技巧要点，使笔锋侧面与抱枕边缘线垂直，轻点即可，类似于植物画法里的树叶表达技法和竹叶的画法，后面在讲到植物时会有所涉及。带有花纹图案的抱枕也要尽量把特征表现出来，不同颜色的花纹图案比纯色抱枕要难画一些，除了把握明暗整体，花纹图案的深浅色调也应拿捏到位，符合大的光影关系（图9-17）。

图9-17

多人沙发除了大小比例尺度不同，其上色方法与单人沙发如出一辙，坐垫长度加长使坐垫竖立面的刻画相对较难，其呈长条形，竖向运笔则较烦琐，也显得零碎，此时要用到我们前面讲到的扫笔技法，尽量不留起笔和收笔的痕迹，快速扫过，一蹴而就，色调浅而不抢眼（图9-18）。

图9-18

　　一些床榻和脚榻以及沙发边的方凳的刻画方法大都与沙发一致，这些物体没有靠背，坐垫是主要的表达对象，重点是将坐垫柔软舒适的感觉表现出来，坐垫厚度的竖向钢笔线条必不可少，这是表达柔软的直接方法，下部的承重结构或为木质，或为金属，一般比重较小，用颜色明确明暗关系即可（图9-19）。欧式古典的沙发造型看起来比较复杂，主要是抓大的特征，各种比例关系和形状的把握宜从整体入手，具体刻画时先画整体比例和透视关系，找大致的造型特征，最后做细部描绘。上色时也是先整体后局部，局部统一于整体，但也不能刻板为之，变化是丰富效果的最好手段，例如运笔技法的变化，在处理靠背时的快速上挑、快速扫笔等，在表现地面反光和投影时的横竖交叉用笔等，以及在表现细部结构和明暗关系的小细节颜色变化等，都是能够体现画面趣味点的方法。

图9-19

　　椅凳类的上色，虽比沙发简化一些，但想要画出效果，也并不容易，椅子以木质框架居多，也有用金属等现代材料，造型或简或繁，依风格而定。偏中式的座椅多由红木制成，表现时采用木色系刻画，由于椅子的结构相对简单，采用木条固定，没有大面积的材质，上色就容易一些，不需要去苛求大量细节，只把坐垫和靠背画到位即可，椅腿极简单，体现上下的光线影响就行。坐垫略有厚度，要表现舒适感觉。成排放置的座椅，例如会议室或者餐厅，则应该把成排的座椅作为一个整体来上色，按照从里到外的顺序安排好虚实关系变化，挑其中几个作为上色的重点，其余虚化处理（图9-20）。

图9-20

　　茶几是沙发组合必不可少的陈设，方整、低矮是其外形特点，造型上多以长方体居多，材料则是以木材和金属、玻璃居多，外观简洁，以金属材质支撑框架，以透明材料为台面，没有过多装饰，接近方体的特点，给其上色刻画并不难，要考虑到整体室内的光线方向和透视关系，抓住黑白灰层次关系，用固有色塑造形体。木材质的刻画除了利用好光影关系和固有色外，应适当把木材纹理稍加体现，这个步骤也可以在线稿阶段完成。纯木质的台面材料毕竟软一些，不如石材和钢化玻璃坚固耐用，石材的花纹自然丰富，表面有反光，硬度较高，灰色和偏暖的淡黄色系石材常见，表现时可依据石材本身的颜色，做竖向笔触排列表达反光效果，竖向排列的笔触要自然和谐，不能机械地画，依据面积大小，确定竖向笔触的多少。体现硬和亮的感觉，要求马克笔笔触清晰，干净利索，竖向的笔触一定要垂直向下，不能东倒西歪或者倾斜，否则效果极差，数量也不宜太多，因为透视角度决定了台面的面积比较狭窄，数量多显得凌乱。石材的纹理有时若隐若现，肌理线条刻画可以对比度弱一些，不要太粗、太扎眼，平的面在反射远处的光线时，也可以柔和，此时应用高光液擦涂，降低马克笔犀利的笔触，营造散光的效果。玻璃的桌面既通透又反光，其上色技巧要仔细琢磨，玻璃本身的颜色可以用偏灰的淡蓝或者淡绿来渲染，快速运笔，尽量不要笔触，通透感则要依靠玻璃后面的物体来衬托，玻璃的遮挡和过渡使后面的物体色调和对比度要降低很多，简略的刻画既能表现出玻璃质感，也不至于使后面的物体太抢眼，环境的色彩影响使玻璃有了体积感（图9-21）。

图9-21

　　床的外观从本质上来说就是一个长方体，比其他陈设要简单得多，但它又很难画好，因为长方体的表面覆盖了床上用品，床的表现实际上就是把这些床上用品，用简练的颜色和技法表现出来。床上的东西，材质多为布艺，上色前要考虑色调的统一，不能花，颜色忌多，床体的线条多是偏柔和的，以表达其舒适性，马克笔上色阶段也是配合线条，体现温馨宜居的特点。床上用品摆放尽量整齐，不管是什么色调为主，画出柔软舒适感是首要任务，根据需要调整好主次和虚实关系，这是衬托主体的方法（图9-22）。

图9-22

　　床作为卧室的主角，体量比其他家具陈设都要大，整个卧室的色调基础都建立在床的表现上。床的组合往往包括床体、床头、床头橱或者床榻等物体，这些组合在一起的物体应被作为一个整体去表达，床头与床头橱的用色要统一协调，床罩和床单多数为浅色，少用很挑的亮色，暗部的颜色稍微深些，其他部分则偏灰偏浅，笔墨要少用，床单转折下垂处一笔带过即可，忌来回涂抹，床上的饰品如抱枕、枕头或是床脚的地毯，颜色则要相对艳丽一些，以丰富画面效果，但仍要注意与整体色调的一致（图9-23）。

图9-23

　　室内陈设组合的表现，就是多个单体的表现，其目的是培养空间层次感，为大场景的整体表达做好准备。陈设组合是将多个功能相关联的单体排列组合在一起，比单个物体要复杂得多，不仅要单体造型准确，还要整体遵循统一的透视关系，更要照顾到个体之间的大小比例关系。一般来说，陈设组合的分类包括起居室沙发组合、卧室床榻组合、餐厅桌椅组合和书房的书桌书橱组合等形式，公共空间则稍显复杂，体量也往往较大。用马克笔给陈设上色，要熟练掌握单体之间的虚实刻画的处理技法，前后物体的空间层次感要依靠明暗关系的轻重和颜色冷暖关系的对比来拉开，需要特别指出的是，不管什么类型的陈设组合，都是置于地面上，上色时要特别注意物体与地面材质之间的关系，地面材质不同，会影响到技法的运用。光洁的地面与粗糙的地面在处理倒影和投影时会截然不同，光洁的地面要着重表现倒影，以体现地面材质属性，而粗糙地面基本无倒影或者倒影非常模糊，要特别留意这些细节的不同。

　　还有一些体量较小的装饰工艺品，也是丰富画面和活跃氛围不能缺少的物品，如经常用到的瓶罐和陶瓷艺术品等，这些小体量的物体上色要干净利索，不能拖泥带水，根据物体结构变换运笔方法，笔能追随形体特征，表现大的体块感。此类物体多呈圆形、弧形结构，因此运笔也要有弧线形特征，多记忆一些特征明显的工艺品，以适应不同风格类型的室内空间，如陶艺，其颜色比较单一，赭石色和褐色是常用色，体量小的物体，用色上不必过度复杂。

虽然马克笔的颜色型号多达百余种，但一幅成功耐看的效果图，其主要色调还是偏灰的，灰色调永远是画面的灵魂，在用马克笔给室内空间上色之初，首先要做的就是用灰色系把画面大的明暗关系和结构予以明确，主要物体的固有色可以大体上交代，但不能过多，对受光部位要用暖色铺陈，暗部用冷色，形成冷暖的对比，以免沉闷。延伸至单个物体的刻画上，也要注意冷暖关系和明暗过渡，整体空间感的塑造，离不开个体的组合表达，更依赖于空间光线的方向统一性，画到最后仍然是对细节和整体的调整，着重加强对地面颜色和投影的刻画。

## 七　植物画法

植物在室内表现中不是主角，占画面比重并不多，但是在景观和建筑表现图中却是不可缺少的元素，在景观表现图中更是不可替代的主题，并且和自然界中许多其他元素相互联系，互为衬托。景观和建筑表现中树木的表达是比较重要的部分，树木的种类繁多，从热带到寒带气候其外感特征均不一样，但无非就是枝干结构的变化不同，树的形状和特征在很大程度上取决于枝干的生长方式。建筑表现图中的植物刻画并非重点，有时只是需要其烘托环境氛围，前景图中也只是需要局部描绘，通常不太注重树木种类和植物特征，只需要稍加表现地域特征即可，但对景观表现图来说，树木植物却是不折不扣的描绘重点，对于气候区域不同的植物的外观特征等表达要求较高，甚至有时要表达清楚植物的配置种类，因此各类植物的刻画要求是比较精细的，需要分门别类地掌握其特征表现技法。对于配景的树木层次不宜太多，一般作为远景的树只是起到衬托的作用，层次和颜色要少，并且控制好空间距离感，深浅程度除了配合整体画面效果，还要恰当衬托出画面主体，如果画面主体的色调较浅，则作为背景的树木颜色要深些，如果主体色调深，则背景树木就要适当浅些。

作为前景的树木，是处在画面的最近处，位于中景的前面，通常中景都是画面表现的重点，所以前景的树木处理是否恰当，会直接影响到画面的层次感和主体的交代，不能遮挡要表达的东西，多数情况下都是取树木的局部来刻画，不能将整棵树都画出来。在安置前景树的位置时要平衡画面，使其处于画面边缘或者角落里，达到围合主体、聚焦视线的作用，对树形的选择也至关重要，宜描绘树干和稀疏的树叶，不要形成遮挡，使主体交代不清（图9-24）。

图9-24

一般中景的树木是描绘的重点，通常与画面表达的重点处于同一层次，细致地表达这些植物的外观特征是必不可少的，按照马克笔表现图的技法，无非是线条上加颜色渲染，因此植物的造型基础是熟练的线条表达，针对不同的植物外形，运用不同的线条技法，或体现圆柔的草叶，或表达坚挺的枝条，要分而绘制。对于这些自然生长的不规则的物体，想画好并不容易，首先需要掌握的，是植物的生长结构和特征，结构画不准，外观便不正确，树木植被是自然界最为常见的，稍有不对，就会让人感觉别扭，对生长结构的把握是至关重要的，枝干提供结构，叶片则塑造出了植物的外形，让植物变成了"体"，有了体积，才有了明暗关系和体量，马克笔上色的技法，也就是要体现这种明暗，以此塑造体积感。这种明暗也包括叶片的形态特征和枝条的穿插关系，因此明暗就复杂了许多，同造型简单的几何体完全大相径庭，叶片的形态特征只能依靠归纳和概括的方法，于"明和暗"两处的边缘刻画，既要有自然物体的形态变化，又要符合人们的视觉经验。

景观表现图中常用的植物，大致上可以分为乔木、灌木、草本植物三大类，这种分类主要是按照它们的生长高度和体量大小来划分的。但有的植物虽然高度有差异，但外形特征相似，例如棕榈类的植物，高低的差别很大，但刻画方法相近，是一类比较特殊的植物种类。下面我们就分门别类地来介绍各种植物的刻画描绘方法。

乔木类通常形体高大，与灌木和地被类植物相比，其表现出来的特征是明暗关系比较容易明确，具有一定的高度，在画面里占有的面积是较大的，也是植物类最难画好的物种之一。往往枝干和叶形都要有所表现，也有只画枝干的情况，但并不常见，大多在渲染冬季场景时用到。茂密的树叶会遮挡部分树枝，使得树干只能见到下半部分，枝干的穿插便稍微省略一些，所以，虽然乔木的表现是由枝干刻画和树叶描绘两部分组成，但表达的难点仍然在大量树叶组成的树冠上，枝干则相对简单，这个"简单"，只是说需要描绘的能看见的部分不多，只画不被树叶遮挡的结构。

但往往越是少，就要求对树木的生长结构有深刻的了解，虽然树叶遮挡了树干和树枝，但树冠的外形仍然是由树枝的结构所决定，因此熟练地掌握干、枝、叶的生长特点以及它们之间的相互比例关系，是表现好乔木的关键所在。总体来说，马克笔画乔木的技法是在分清明暗的基础上，先从亮部的浅色入手，逐渐深入，浅的色调和深的色调提前设定好，其间的色彩变化和对比效果视画面需要决定，再逐步把枝干和叶片的细节进行深入刻画、调整，直到取得满意的画面效果为止（图9-25）。下面来看看枝干和树叶的技法表达重点。

图9-25

大多数乔木，枝干的生长都是上细下粗，主干较粗，分枝较细，越是顶端的枝条，往往越细，多注意观察北方落叶后的乔木，或者经常画些这种树形的速写，对掌握树的生长结构是十分有帮助的。常言说"树分五枝"，但枝与枝之间又不相同，分枝的方向是四散的，不仅是左右两面，形成的是立体状，特别需要注意不要只在左右两个方向上画，前后穿插遮挡关系也得画出来。画树的分枝，一定要搞明白它的生长规律，尽量不要画成左右对称或是两侧相同的，否则难以体现自然生长的特征，显得呆板。应错开分枝，使其粗细均匀，以主干为中心向外分枝，越往上分枝越多，不可歪斜，要立得住，一般宜树形修长，避免"矮、拙、粗"。由于树叶对光线的遮挡，会造成树干上光线分布的不均匀，有的地方受光，有的地方则在阴影里，一般在树冠的下方或者紧邻树冠的地方，都是暗的。较粗的树干光影斑驳，有亮有暗，上色时，也要重点体现这种特征。主干的形状，呈圆柱形，如果稍微粗些，就要把本身的明暗结构表达到位，再加上树叶遮挡在主干上的投影的影响产生的变化，就构成了树干刻画的关键。较细的枝条，可以忽略本身的明暗关系，只要把光线遮挡表现出来即可，甚至颜色也可以省略掉，只留黑白（图9-26）。

图9-26

　　树干的颜色多用暖灰或者深的褐色来表达，而不用鲜亮的色系，体现树影斑驳的感觉时可先给树干上色，最后用高光笔统一调整提亮。马克笔要顺树枝生长方向用笔，有时扫笔，有时用细头画，忌用马克笔宽头横向铺排，这样极不自然，会遗留诸多叠加的笔触。

　　树叶的整体描绘是乔木表现的重点和难点，树冠由成片的树叶按生长规律组成，马克笔上色的整体性决定了乔木树叶的刻画只能采用概括的画法，而不能着眼于单片的树叶，像国画的白描一样刻画逐个树叶并不能取得良好的效果。简单来说要采用素描里的明暗画法，即把树冠作为一个统一的整体，哪里受光哪里就是亮部，不受光的就是暗部，用亮色和暗色来完成对树冠的渲染上色，使其看起来具有形体感。同时对树叶的形状特征也要适量表达，前面也提到过成片的树叶不可能都一一交代清楚，只能概括来画，应把握成片的整体树叶的外形特点，而不是单个树叶的特征（图9-27）。

图9-27

　　线稿阶段需要解决的问题，是完成对整体树形轮廓的刻画，并明确画面的光线来向，对树冠的明暗关系稍加描绘即可，这样有利于后期上色。成片树叶的刻画，关键是在边缘处加入叶片的外观特点，比如多个小叶片散落生长的自然感，并不是规律地排列在一起。需要了解的一点是，虽然树冠遮挡了树枝的结构和外形，但是树叶都是生长在树枝上的，有树枝的地方才有树叶，没有树枝的地方不可能有树叶，所以成片树叶的背后，是由树枝作结构支撑的，在表达树冠的同时，也就是在体现树枝的结构，就像画人体首先要熟悉骨骼和解剖。成片树叶的轮廓，是由具有树叶外形的线条组成，这种线条在画的时候，就要注意体现叶片的特征，由成片的树叶白描而来的明暗画法，只强调对暗部的描绘，所以针对树冠的亮部和暗部，刻画的细致程度是不一样的，亮部的树叶精简，可断开线条以示"虚"，暗部的树叶细致紧密以示"实"，这种办法可以避免刻板单调的树冠轮廓线，更加符合树木自然生长的外观特征（图9-28）。

图9-28

树冠的马克笔上色，是诸多景观元素里较难掌握的一种，一是因为生物体的结构表现不像其他人工物体的结构那样规则，二是因为大量的树叶表现要做到明暗有致，粗中有细，既要抓细节特征，又要照顾整体效果，大到树冠体量，小到树叶形状，都要严谨到位。所以想画出理想的效果，确实存在一定难度，再加上马克笔笔头自身的形状限制，宽而硬的笔触与树冠本身的外观特征也极不符合，这些都决定了在树冠明暗表达和外形贴切度方面，需要掌握一些特定的运笔技法才行。在马克笔基本运笔技法里我们已经介绍过，正确的笔触，是让马克笔的宽头斜面，全部跟纸面接触，作横向运笔，力道均匀，但在表现树叶时，这样带有块状直角的笔触便没有了优势，正确的做法，应该是把马克笔向左旋转90度，用大拇指和食指捏住笔，让笔头朝下的一侧跟纸面接触。由于树叶的自然生长方式并非垂直或水平的规则排列，所以运笔也要避免垂直或水平的运笔方向，多用斜向的运笔，笔触简短，没有很长的线条，根据树形的需要，画完几笔就要抬笔观察，再在需要的地方继续画，切忌笔一直不离开纸面，连续刻画把笔触糊成一片，不留缝隙和空白。即使是这种方法，也要注意斜向运笔时也要尽量不用直线，而采用一种"兜圈子"的画法，使成片树叶的边缘不会出现锯齿状的现象，显得圆润美观而不生硬（图9-29）。在树冠边缘之外，可点缀一些零星的树叶来增加真实感，不可过多，叶片也要自然贴切，不要画成方片之类的笔触。

图9-29

　　这种树冠的明暗表达方法，需要各种深浅颜色的配合，以体现光线关系，塑造形体感，有时也会添加其他色系的颜色来增加色调的丰富程度，但颜色不宜过多，否则容易画"花"。树形的把握也要尽量简单，用最少的笔墨体现丰富的效果，不要一画就是一片，颜色泛滥，控制不住画面。

　　另一类乔木的表现方法，在现代景观效果图中也经常用到，相对来说要简便一些，就是把类似于树的剪影上色，把树冠简单化，只画出大的轮廓，留好表现树枝的空隙，树干和树枝简洁明了，马克笔上色技法也较前种简单，只依靠明暗展现从深到浅的渐变，有时可添加一些线条排列的肌理，高光处留白，或根据需要添加相近颜色以丰富画面。这样得到的效果清晰而不凌乱，层次分明，色泽纯净，较前种画法多了些清新感，树木看起来更加整体统一（图9-30）。这种画法有时在景观设计中的立面图中经常用到，并会以不同色调表示不同树种，以高低区分大乔木和小乔木。

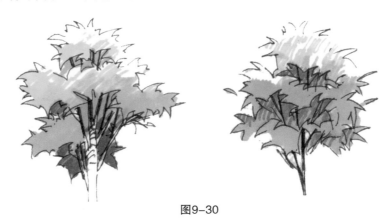

图9-30

　　景观设计表现中的灌木表现，通常分为两类，一类是自然生长的形态，例如花卉或者阔叶的灌木。另一类是经过修剪的植物，如道路两边的绿化植被和绿篱等。自然生长的灌木多表现形体，例如丛植的灌木丛，丛冠的刻画也类似于乔木树冠的刻画方法，主要以明暗表现的概括画法为主，大致的形体画完以后，交代大致的明暗关系，线稿阶段不要表达得过于深入，有大的形态关系就好。灌木的体积毕竟要小很多，马克笔上色时不需要过多笔触，只交代大的颜色深浅关系，根据其在画面里的位置是否重要，决定刻画的细致程度。散叶的灌木马克笔技法，如同树冠上色，斜向用笔，于边缘找树叶特征，笔触忌细碎，着眼整体。如果是阔叶或者长叶灌木，则在线稿阶段就应使结构明确，树叶特征宜用白描画法加以表达，马克笔上色只注重单叶的明暗和树叶之间的遮挡穿插，依据光线来向铺设受光处与背光处的色彩，结构要严谨，符合生长规律。

另一类是经过修剪的灌木，大多呈几何体形状，这种灌木的表现重点是，尽量忽略枝叶本身的形态，把人工的痕迹表达放在首位。经过修剪的绿篱或球形植物整齐美观，立体感强烈，颜色铺陈时亮面和暗面要有明确的对比。虽然经过修剪，但轮廓也不能用直线表达，特别是在暗处，要适当增加一些枝叶的细节，亮部则要留些缝隙，线条该断开时就断开，不能刻板，穿插一些树叶特征的线条运用。几何形状的灌木表达起来相对容易些，因为有具体的形状方便捕捉。马克笔上色则要轻松一些，不要画得太紧，也应该用马克笔笔触营造一些树叶的形状出来，加强树枝的细节，让画面更加生动（图9-31）。灌木比较低矮，投影的表达是必不可少的，与周边物体和地面的相互关系也是考量的范围。

图9-31

　　景观设计中灌木经常会与其他元素同时出现，相互映衬，比如山石或者水体以及其他景观小品等，灌木结合这些元素的场景表达，应分清主次，注意疏密关系。色彩搭配除了尊重方案意向，还要立足现实，协调用色，特别是不同种类的灌木混搭栽植时，层次应清晰明了，各具特色。前后左右的不同植物宜用不同颜色，以区分不同植物种类的差异，当然在线稿阶段就要把不同外观特点刻画明确。

　　地被类植物以草坪最为常见，景观效果图中用得也最多，草坪种类也很多，有直立型的、匍匐型的，草叶有长有短，软硬不同，表现图中通常是刻画其片植特征，而忽略其自身的草叶形状，也就是将它作为一个块面来对待，只在边缘处或合适的位置表现草叶特征。由于透视的原因，这片绿色的"块面"在画面中具有虚实的空间感，而表现的重点就是要画出这种空间感。上色渲染时，远处和近处的颜色要有所不同，不能用一种颜色平铺。远近空间感是通过颜色来塑造的，远处的草坪颜色纯度低，偏灰，色淡，近处的则纯度高，色彩强烈一些。在处理远近关系时，彩铅是很好用的过渡工具，叠加在马克笔笔触上，柔和而不生硬，也能体现一种粗糙的肌理感。要注意草坪的边缘，草坪厚度和草叶的特征主要是在这里刻画，表现厚度的颜色要重一些，以形成立体感，可以略加一些草叶特写。其他位于草坪上的物体的投影，也要认真对待，投射在绿色草坪上的影子要选用和草坪色调相互协调的颜色，低矮物体的投影或是小面积的条状投影，色调则应重一些，拉开明暗关系和对比（图9-32）。

　　在用马克笔给草坪等片植的地被类植物上色时，笔触应扁平，根据透视形状选择横向或是竖向运笔，但是具有透视感的草坪地面扁而平，均宜采用横向运笔，画时干脆利落，一蹴而就，不要来回涂抹，否则笔触极乱，效果不好。这种地被类的大面积上色，是最能体现马克笔笔触美感的实例之一，也是考验马克笔运用熟练与否的标准。草坪的边缘处要控制好，尽量不要让颜色溢出来，可将笔锋侧向与草坪边缘线保持平行，这样便于拖笔时进行笔触控制。平坦的地面草坪多用直线条进行颜色铺陈，而地势有起伏或是倾斜地面的草坪，则应随形就势，或用弧线或用斜线，要根据地形的复杂程度合理选择笔触。

图9-32

一些热带的植物，具有明显的与大乔木和灌木不同的外观特征，例如棕榈类植物，这类植物有高有低，体量大小不一，但特征基本相同，主干都不分枝，树冠紧凑，分枝隐藏在其中，树叶长而尖，多为羽状叶，少数为掌状叶。大型的叶子成片生长于枝干的顶部，树干上下几乎粗细是同样的，细长的羽状叶以中间的枝条对称生长，掌状叶则依靠一根细的枝干生长，这类植物的线稿描绘，不像大乔木那样侧重轮廓，而是要把细节表达清楚，体现每一根枝叶的特征，同时注意枝叶之间的遮挡关系，以及大的光线明暗处理。刻画的难点在于羽状叶的生长是以枝干顶部为端点，呈发散状，树枝由于重力作用末端稍微下垂，单个叶片与枝条也接近垂直状态或向上扬起。多个独立的枝条组成了树冠，既要表现出发散状，又要看起来自然，枝条之间的相互遮挡造就了各种穿插关系，枝条向四面生长，因此四个维度上都要有所刻画，比例要恰当，造型要自然优美、舒展，因此线稿是这类植物的重要基础（图9-33）。

图9-33                                   图9-34

掌状类的枝叶表达也类似于羽状叶，只是没有羽状叶长，多个掌状叶组成了类似球体的树冠。线稿要借鉴白描和明暗画法的长处，再去概括处理，重点表现枝叶尖的特征，树干粗细均匀，比较容易刻画，但需注意与树冠比例关系的恰当（图9-34）。

羽状叶的马克笔上色，应由树叶生长的脊部向外扫笔，叶尖处色浅，根部色深，向外生长的对称叶片，由于光线原因色调也应该深浅有别，一般来说，在上面的枝叶要浅一些，而下部的枝叶不受光，颜色深一些，以此表达明暗关系（图9-35）。掌状叶的树冠相对紧凑，亮部和暗部比较明确，亮部色浅暗部色深，很容易刻画，难点是尖状叶的表达，宜用马克笔侧锋拖带，又要具有一定厚度，初画时难以掌握，要多加练习。虽然都是用绿色系去完成表现，但也要尽量使色彩丰富，偏暖和偏冷的绿色可尝试用来分别处理亮部和暗部（图9-36）。树干上色较简单，棕榈类多用暖灰表达，注意斑驳粗糙的树干肌理也要适当表现，树冠下方的树干处于暗部，颜色要深些，其余则可根据光线方向处理明暗关系，只画暗部，亮部留白即可。

图9-35

图9-36

　　另一种常见的植物是竹类植物，品种繁多，但外观基本相同，差别不大。植物的枝叶形态决定了植物在整体上呈现的质感，质地粗细就是植物的质感，竹子枝细叶小，应该表现出细的质感，成片的竹叶很难用写实的技法去表现，结构也难以说清，只要采用明暗画法表现出疏落的枝叶就可以了。

图9-37

线稿处理主要是在外部轮廓上下功夫，暗处的叶子画得多些，亮处的叶子凝练而简洁，注意明暗交界线的交代，竹子不用刻画分枝，只画出主干，并且要细，无论颜色深浅，着色都要从浅色开始，然后逐步深入。第一遍浅色画满，同一色调可一次完成，营造出大致轮廓，边缘处要将竹叶单独表现，马克笔侧锋短拖即可，不要画太多，暗部要用深色画竹叶，在亮部也可以点缀一些深色竹叶，以增加细节感，在明暗交界线上用深色画适量竹叶，丰富明暗的层次。表现竹子，分三个层次就够了，无须太多，远处时可用两个层次，拉伸空间感，同时降低色彩纯度和枝叶疏密感（图9-37）。

## 八　山石表现技法

山石是景观园林设计的必要元素之一，特别是偏中式的园林，具有"园无石不秀，室无石不雅"的审美传统，足见石头对于景观场景的重要性，现代景观中也常用石头来增加自然山水精神，体现情境。山石以千姿百态的形状、自然的纹理、雕塑般的立体质感成为造景的重要元素之一，中国传统绘画中讲"石分三面"，就是说在刻画石头时，要将亮、暗、中性面表现出来，石头才具有立体感。景观的石头表达当中，在线稿阶段可以只表现两面，即亮面与暗面，暗面用线条加深（图9-38）。根据石头种类的差别，线条运用也要有别，有的石头体块感明显，结构简单，可用较平直的线条刻画，有的石头则坑洼不平、质地粗糙，应用曲折顿挫的线条去画。不管什么类型的石头，明暗交界线要自然地表现出来，以供上色时参考，不同的石头对应着不同的形态纹理以及颜色，有时中国绘画里关于石头的皴法等，有很好的借鉴意义。初学者要注意不要把石头画得过于呆板和规则，线条适当放松，表现暗部的线条也不能生硬，最好带些弧线的感觉，粗糙斑驳的特点用黑点的方式表达即可（图9-39）。

图9-38

图9-39

　　天然的石头都是以灰色为主，或暖灰或冷灰，极少有鲜艳的颜色，受光部位偏暖，背光部位偏冷，不同于写生的丰富色彩运用（图9-40），设计表现中要求石头的上色简洁明快，亮、暗明确，表现出体块感即可，切忌用色过多过杂，使画面变脏。一般来说，都是灰色系表现过渡面和暗面，亮面留白，然后在过渡面或是亮面加些淡淡的偏色，不能加深色，也可用纯暖灰或者冷灰色刻画，不加杂色。有时亮面加浅灰，与中灰色配合使用，需过渡自然，而暗部的深色要等之前的颜色干透再上，留出明显的笔触，以体现石头的硬度和质感（图9-41）。

图9-40

图9-41

# 九　水景表现技法

　　水景是景观中常用的元素，或为自然形成，或是人工构筑，例如湖、塘、瀑布、喷泉等，水体有静有动，有深有浅，刻画技法都不一样。水本身是无形的，表现水，有时画其中的倒影，有时画它的透明度，其实就是表现它的特质，表现水周边的环境和物体，表现水面的反射属性。

　　水无固定的形态，根据流动的形态——或平缓或跌宕，大体上可以分为静水与动水两种，静水水面产生倒影，色彩相对来说要丰富一些，线稿极简单，只刻画水面倒影的波纹即可，靠近物体的波纹多些，远离物体的波纹逐渐减少，形成自然过渡，上色也简便可行，由于反射了天空的颜色，水面多用淡蓝色来画，先用最浅的蓝色铺陈基调，注意依据水面面积大小确定铺陈面积，切记一定不要涂满，尽量沿水面物体的边缘去画，倒影处可来回多拖几笔，其他则要一带而过，迅速完成铺陈，不需要体现笔触，以表达透明和通透的感觉，局部也可再添加淡淡的绿色，与蓝色叠加。水面上的物体暗部的倒影要用深色加重，可用深蓝色或者深蓝灰色，紧贴物体，笔触要窄，面积要小，彩铅可用做最后调整整体效果的辅助工具，以淡化马克笔的笔触，增强质感，水面以外鲜艳物体的倒影也能用彩铅表达，对于蓝色过于密集的地方，用涂改液等来修正和提亮（图9-42）。

　　虽然水面反射天空的颜色，在水面上直接使用天空的颜色是一个便捷有效的方法，但也不能使用这些色彩去表现水面，水体有可能会反射邻近的物体，例如窄水渠的水面，其反射的颜色有天空蓝、植物的绿、堤岸石块的灰色等。处理水面反射时，要尽可能简化，不能让反射的物体刻画压倒画面，太过精细的水面描绘会分散表现的主题，只要分辨出简单的反射块面就够了（图9-43）。水面上的波纹处理也极具技巧，当视点低时，波纹大小可以体现空间的透视深度。

图9-42

图9-43

　　流动的水由于没有固定的形态，所以有些难以表现，例如喷泉和跌水、水幕等这些水体，往往使用概括的方法描绘大的轮廓结构，这些活水当中充满了气泡，有的呈散落状，有的呈喷洒状，或者溅起白色的水花，只上淡淡的蓝色即可，多留白，飞溅的水花后期依靠高光笔的涂液也能达到想要的效果。线稿只体现水的动势，几条线就足够。如果是跌水，就要用下落的弧线表示，上色时注意水流的方向和速度，要顺着水流方向用笔，笔触要清晰干净。跌落的水犹如透明的玻璃，其后的物体颜色也要稍加交代，但不能用重色，多是石头和墙体的颜色，用淡色一带而过即可（图9-44）。

图9-44

## 十 天空表现技法

天空作为室外场景的背景，有时可以起到颜色烘托和对比的作用，建筑表现和景观表现基本上每张图都会或多或少涉及天空的表现技法。天空没有具体的形状，但在渲染图中却占有很大的面积，不能把天空作为简单的平面去处理，它应是补充画面整体效果的。虽然不是具体的物体，不具有规整的形态，但却占据物体之间的空白，天空刻画虽有固定的技法，但不同的图中，天空应该对应不同的画面内容，得到不同的处理。很少有人去观察苍穹从早到晚的颜色变化和明暗变化，实际上，从头顶到地平线，云朵的形状会因透视的改变而有所差异，形象从轻薄变得厚重，而色彩会逐渐柔和，灰色调越来越重，颜色纯度降低，这是空气悬浮物所致。对待具体的内容时，不能忽略这些微妙的变化，否则画面容易显得呆板，没有细微差异，像假的背景一样不自然。天空的使用原则就是要形成对比，主要表现物体亮，则背景天空暗，主要物体暗，则背景天空就亮，并且云朵的形状不能机械呆板，更不能接近画面内的物体形状。

　　纯粹的马克笔表现天空并没有太大的优势，这是因为马克笔的笔触本身就不容易控制，和其他颜色的衔接也不好过渡，可以结合其他的上色工具一同使用，例如彩铅、色粉等，达到理想的效果。天空的颜色预设，要把握几个原则，首先就是天空的色彩能对主要物体起到衬托作用，任何类型的表现图，天空不可能成为主体，而只能是作为其他场景物体的背景，在设置颜色时要与主体形成对比，以使主体突出，增强效果。一说到天空往往先想到蓝色，但实际上我们可以根据需要去大胆地尝试其他颜色，例如灰色、紫色等，也可能得到意想不到的效果（图9-45）。

图9-45

　　另外，要考虑表现图设定的地域和季节以及时间段，例如黄昏的场景或清晨的场景，是冬季的室外还是秋季的景观，这些不同性质的表现图，天空的色彩都会有差别。不管是什么色调作为背景，上色的时候也不要平涂，有时需要几种颜色协调配合使用，所以相互之间的衔接就显得尤为重要，浅色和深色的搭配也要显出层次感。用纯粹的马克笔上色，不加其他辅助工具，一定要选择浅的型号，采用铺大色块的方法，大笔快速画出，云朵的形状是至关重要的，它是用马克笔预留出来的，尽量自然一些，云朵的边缘和缝隙要仔细描绘，体现云的特征，避免呆板和做作，不同颜色的衔接采用湿画法，不留笔触的痕迹，追求类似水彩的效果，这种技法要熟练，一挥而就，不能慢慢磨（图9-46）。

图9-46

另一种技法就是在马克笔铺大色调的基础上，利用彩铅去过渡，细腻柔和的素描能轻松营造出细节的变化和颜色的渐变。彩铅的排线要朝向相同的方向，注重构图感，也要注意提前预留好云朵的形态，适当添加红色和紫色来丰富背景，但不能过于花哨。不管用哪种技法表现天空，原理是相通的，并且天空也具有透视关系，头顶上的云朵和天边的云朵形态是不一样的，大小、清晰度和颜色都有微弱的差别，平时要多注意观察。

## 十一　各类装饰材料的马克笔表现技法

空间的效果表现，归根结底是各种材料的表现，只有熟练地掌握了各种材料的表达方法，空间氛围的渲染才能更加真实。木材质软而亲切，要体现纹理和颜色的质朴感；石材坚硬平整，注重庄严大气的光洁感；砖墙或砖铺地面则使人联想到泥土的温馨情感；水泥材质颜色偏灰，给人以冷漠理性感。每种材质都有其自身的特点和用途，针对这些常用的材质，要花时间反复钻研其表现技法，做到举一反三，融会贯通。下面就来看看一些常用材料和材质的表达技法。

### （一）木材质表现

木材质是最为常见的材料之一，室内、室外以及家具产品等都会大量用到，其天然的纹理和温暖的色泽满足了人类亲近大自然的心理需求，同时也具有装饰性的美感。在具体的使用过程中，可与油漆结合，产生深浅不同色调多变的艺术效果。表现木材质，最重要的就是表现它的纹理特征和本身的色调，木纹的肌理，依靠线稿阶段的描绘可以完成，要尽量接近树木生长的年轮纹理，木头多为偏暖的颜色，色调则有轻有重，厚重的红木色调和保持原汁原味的原木色就相差很多，要根据不同的用途和不同品种的木材选择合适的颜色，有时一些装饰面板并非实木，但也具有木材的外观特征，这种饰面材料和实木的表达方法是一样的（图9-47）。木板的效果经过一次上色很难达到要求，通常要用马克笔或彩铅叠加几层才能完成，天然的木材，表面颜色的色调都会随光线照射而变化，因此用色时要避免过分一致和相同，尽量随光线而变化，亮面与暗面内各自的变化程度要拿捏到位，避免使亮面与暗面相混。

图9-47

室外用的木材质，多在建筑外立面和景观铺地等局部使用，这种材质都经过了防腐处理，以延长使用周期，因此很少是原木色，偏黄或者偏红是主要色调。建筑立面的木材质表达相对简单，其明暗关系明确，刻画时把握好亮暗对比，以塑造形体为主，亮面简洁，以浅色铺陈，例如以touch系列的25号快速扫笔，或者辅以彩铅提高质感，降低木材的高光度。重点当然是暗部材质的描绘，色调稍重些，但不要用色太深，以防止画面沉闷，不透气，虽然同处暗部，但也要有细节上的变化，可尝试分析周边环境反光来增加暗面的丰富光线感（图9–48）。这种大面积的建筑外观，可适当地放弃表现木材纹理，只通过颜色和质感去表达，木材质占据画面比例较大时，就要注意虚实变化的应用，近实远虚，颜色冷暖也随之不同，以拉开空间感。

图9–48

　　景观类的地面木材表现，会经常碰到，一般是以宽木条拼铺，下面以骨架固定，在栈道和亲水类供休息的平台最为常见，有明显的拼合线缝隙，刻画时这是要交代的基本构造特征，也可忽略木纹肌理的表达。地面上的铺装由于透视的原因，可见面都比较窄，上色是较为简单的，地面上平铺的物体一般受光线直射，都呈亮面，颜色不会很深，木材质多用touch系列的25号和97号结合表现，一深一浅，适用于亮面和暗面的描画，也可以发挥一支笔的特性获得想要的深浅不同的效果。有时笔的轻重缓急用得熟练会事半功倍。具体在画时笔锋要侧向，与木板边线齐平，朝垂直方向运笔，深浅通过速度快慢控制调节，这种画法要注意不要涂满，选择一个重点部位进行细画，体现光线感，拼合线接缝的地方有时也会用高光笔提亮，增强质感，但注意高光笔的线条一定要细，并且平直，看起来精神（图9-49）。在使用了防腐耐磨的表面漆处理以后，木地板多少会带有反光的特性，如果木地板周边有颜色反差较大的物体，则木地板会产生深浅不同的倒影，这种倒影在表现时一般都是上下垂直的，注意画时垂直线不要画歪，倒影颜色不宜过深，面积不要太大，大体上交代即可，毕竟木地板的反光没有那么强烈。

图9-49

　　室内木地板的光泽要比室外地板亮很多，表面处理工艺也不一样，纹理和色泽上更加精细，要把这种精细表现到位。线稿重点是拼接线的绘制，室内木地板的规格一般都是统一的，其分格的长度和宽度要按照比例来画，处理好长宽的分格和地板上其他物体的投影，就可以上色了，用偏浅的桃色打底，由于地板是一块块拼接而成，要用相互之间的颜色差异去体现这种结构，体现拼接感和自然木质色彩之间的不同，随机选择一些块状地板将颜色稍微加深，使画面丰富并且看起来更加真实。需要注意，上色与透视感的协调关系，马克笔应顺着木头纹理和透视方向进行刻画，最后是处理倒影和投影以及高光效果的添加，通常用高光笔在接缝处提亮，衬托质感，但切忌高光线条过多过粗，需选择重要部位拿尺规把高光线画直，对提高画面整洁度很有帮助（图9-50）。倒影的画法也是拿马克笔上下垂直排线，画的过程中一定要等底色干透，否则笔触容易融在一起，垂直线长短控制好，不能太长，要视地板的透视宽度来定。投影就要分情况对待了，对一些低矮的物体的投影，像沙发、床等离地间隙很小，其在地板上的投影就重些，颜色深，甚至有时候可以直接用纯黑色去画。离地间隙大的物体的投影，色调相对浅，也有从深到浅的渐变，处理好颜色过渡是关键。

　　装饰木材隔音保暖效果优良，受外界气候影响较小，触感柔和，又是自然材质，因此被大量运用到室内装修中，除了木地板外，墙面和吊顶的装饰也较常用。在表现墙面的木材质时，应选用颜色较浅的色号，木纹的刻画必须清楚，用铅笔或彩铅刻画木纹有时也不失为一种很好的选择。根据光源的位置，决定界面的明暗深浅，接缝处也可以用高光笔点画。界面的木质装饰一般面积都很大，"实"处理往往收不到好的效果，可以"虚"一些，使虚实结合起来，增加细节。依据光线的照射方向，从上到下要有色调和深浅的变化，形成光感，在相同的材质中寻找效果的不同。吊顶上使用木材质时，色调就不能太深了，太深会显得压抑，一些新中式风格的案例中，传统元素的呼应是极为重要的，木材质的刻画，色调深浅要根据整个空间氛围去调和，当然，这些调和是在尊重方案意向的基础上，不能随意按照个人喜好去变换颜色。

图9-50

（二）石材表现技法

石材种类繁多，有天然的、有人工的，天然的石材透过自然形成的纹路和形态散发出浓厚的人文内涵，素雅温馨而且贵气，适合品位高雅的室内装饰，色调多偏暖。天然石材的切面有颗粒感，有的纹路比较清晰，以大理石和花岗岩最为常见，是室内外最常用的装饰石材。石材的表现，主要体现纹路特征和色泽以及硬度，石材的纹路刻画有多种方法，纹理复杂多变，疏密有别，或聚集或分散，类似闪电纹理，环绕曲折，但不闭合，就单块石面来说，纹路从一侧延伸向另一侧，切记不要在中间消失，而要延伸到边缘，疏密也不要平均分配，一端集中一端分散，纹理宜回转不宜走直线，尽显自然特征，有的纹路不全是黑色，可以上色后用彩铅再深入画，使纹路清晰（图9-51）。石材的上色，不能磨蹭，笔触尽量锐利平直，减少弯曲的痕迹，自下而上颜色变浅过渡，笔触边缘清晰，体现规整硬亮的质感。由于石材多浅色，偏暖，多用浅米色表达，上色完成后为提亮表现质感，可用白色勾线笔画一些纹路线条，线要细，以若隐若现为最佳（图9-52）。大面积的石材墙面或地面，由单块拼接而成，接缝需表达到位，粗细均匀合理，如有纹理，则把整面墙和地面作为整体对待，切忌把每块石材都画满纹路，墙面和地面的倒影是体现反光特征最直接的方法，倒影线一定要与水平线垂直，不能歪斜。

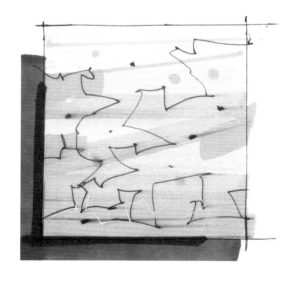

图9-51

图9-52

## （三）砖墙表现技法

清水砖墙也是常见的一种建筑风格，颜色或偏红或偏灰，砖块面积相同，交错排列，规整划一，往往给人以亲切温暖的感觉。砖块是由黏土混合物烧成，由于温度波动，砖的颜色也不尽相同，所以成功渲染天然材料需要颜色的变化，而宽头的马克笔能画出均匀的色块，单用马克笔去模拟材料的自然变化是有些困难的，依靠彩铅和高光笔可营造丰富的颜色和质感的变化效果。通常情况下，同一面砖墙应作为一个整体对待，不要拘泥于单独某一块砖，受光或者不受光才是决定整个墙面色调的决定性因素，并且墙面在退远时对比度和清晰度会下降，这也在一定程度上影响着墙面的表达。墙面的大色调应当确定一个颜色范围，例如灰砖墙应当包括蓝灰、绿灰、冷灰等颜色，而红砖墙则应有受光部分的浅红、黄色，以及背光面的红褐色、黄褐色等颜色，固定的颜色搭配有利于节省时间，画面也不会因为颜色过多而显得花哨。

砖墙的线稿，一般也是采用虚实结合的画法，对画面重点的部分详细交代，而非重点的部分则"虚"处理，砖块分割线要"实"，遵循透视的规律，留意单块砖的面积与整体的比例关系。砖的颜色有时深浅不一，重点部位在线稿阶段可以用小斜线疏密排列的方式予以区别，颜色深的排线紧密，浅的排线疏松。马克笔上色先用浅色铺陈，如是红砖就用touch的25号色，偏黄红的浅色是比较合适的，受光的墙面可渐变过渡，不用涂满，渐变时由铺大色块逐渐变为小块拼接，越来越稀，直到颜色消失，保证一部分砖是留白的，暗部的墙面可以用底色涂满，但也要深浅变化，明暗转折的地方颜色深一些，有反光的地方颜色浅些，铺完底色，再把色调稍深的砖逐个加深，细致刻画。加深时有的砖偏红，有的砖偏黄，这种特征尽量表现出来，增加细节的丰富程度，不一定非要借助马克笔，此时彩铅也可派上用场，加深的砖块要随机挑选，避免死板的排列，有时也使用高光液提亮，营造效果（图9-53）。

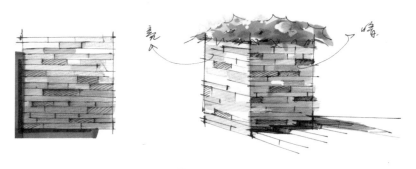

图9-53

乱石墙的画法与砖墙大体相当，只是石块的排列与砖块不同，石块形状大小不一，或圆或方，堆砌在一起时，接缝难免较宽，可留适当的缝隙，线稿也要采用概括画法，石块外形自然放松，不拘谨。石块的颜色差别比砖块大，上色时涉及的颜色多些，但以灰色调为主，忌用鲜艳的颜色，也要避免使用多色时画面过于花哨，如果时间允许，石块很窄的投影线也可以给予表现，立体感会强一些（图9-54）。

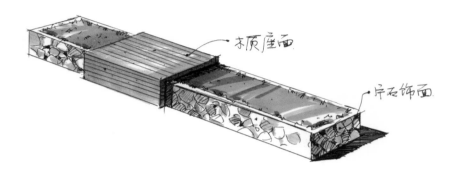

图9-54

## （四）建筑玻璃表现技法

镜面在室内设计表现中经常碰到，大块的镜面和小面积镜面绘画方法略有不同，大面积的镜面需要画出某些被反射的物体，小块镜面有时则不需要描绘反射物体。蓝绿色是表现玻璃材质的常用色，镜面除了反射的物体也是以这两种颜色为主，通常以几种明度不同的蓝绿色来营造镜面质感，要记住不要把镜面画满，把握好留白以表示亮的高光部分，这是镜面闪光明亮的特征。简单的镜面反射质感表达，是在基本特征基础上，沿对角线方向快速用蓝灰色扫几笔斜的笔触，干净利落，笔直挺拔，这是表现反光质感的惯用手法，被反射的物体宜粗略刻画，上大体的色调，降低纯度，降低对比。

玻璃是另一类具备反光特征的材质，并且会因光线变化而产生不同的反射程度，在室外观察玻璃时，如果光照充足，大多是室内稍暗，玻璃反光会多一些，呈现镜面的某些特征，如果室内开灯或是明亮，玻璃则相对透明。建筑玻璃作为建筑立面的主要材质，在表现图中有着重要的地位，一些建筑外观表达城市场景，以及室内公共空间描绘等都能见到这种现代材料。玻璃刻画，实际上就是把反光和透明这两种特征表现出来，玻璃最明显的特征就是其透明属性，这要求既要表达玻璃后的物体，又要表现玻璃本身（图9-55）。

图9-55

玻璃幕墙的分格线也需在线稿上画出。玻璃的另一个特征是反光，具有光洁感，但比镜面的反光要弱很多，玻璃后的物体既要画又不能画具体，多是偏冷灰的色调，因为玻璃本身偏蓝的颜色过滤了后面物体的色度，蓝灰是适合表现玻璃的颜色，不可用太鲜明的蓝色，可用淡淡的蓝色加灰色或者蓝灰色加深后面物体的暗部（图9-56）。其反光效果的处理是比较关键的，反光的形状根据被反射物体而定，但并不要求具体刻画，有大的外轮廓即可，宜用灰色画出，玻璃面的下端或边缘处色调一般较深，也是因为反射了其他物体的暗部所致。夜景中的玻璃内部空间则要处理成灯光的暖色，按内部结构进行明暗的描绘，注意虚实关系处理，可适当忽略玻璃本身的颜色。建筑玻璃特别是高层建筑玻璃，不同于室内玻璃的表达，在室外观察玻璃，其反射的是对应的天空景色，高层建筑从顶部到底部分别映射穹顶到天空边缘的颜色，色调应从浅蓝到紫灰色渐变，至建筑底部时，就要映射周围建筑或是植物，色调也相应变为其他颜色。

图9-56

### （五）金属材质表现技法

金属材质在各类表现图中的应用并不多，但也经常见到，要掌握其表现技法。装饰材料中的金属以不锈钢最为常见，不锈钢大体上可以分为抛光不锈钢和砂光不锈钢，其表现方法略有不同，抛光类金属如同镜面，对周围环境有极强的反光，因此环境的色彩决定了其自身的色调，而砂光金属的反光很弱，主要是以自身的中性灰色调为主。反光与受光之间，略带些环境的色调，主要靠明与暗来塑造形体，并且金属类材质的明暗对比反差极大，单纯的受光面和背光面中受环境光的影响也较大，也就是说，即使在受光面，也会出现暗的部分；即使在背光面，也会出现亮的部分。表现图中的金属材质，不必过于写实，可按照程式化进行刻画，概念性的表达。深浅变换的笔触要体现出动感，下笔肯定，多用斜向的直线条表达闪烁的质感，退晕的笔触宜清晰，不能湿画，注意背光面的反光也极为明显，物体结构的转折处，明暗交界线和高光的处理，要用夸张的手法，暗的深一些，亮的要用高光突出，条状线条适合这种硬亮质感的表现，也适合做明暗的过渡（图9-57）。

图9-57

# 十二　人物表现技法

　　设计类专业出身的设计师，大多没有练习人物画法的经历，专业局限是一个重要的原因。渲染图上添加各类人物常常使绘图者倍感困惑，但是人物对于设计表现图来说，有时又是必不可少的，在体现设计内容尺度上是极为重要的，一组合适的人物，站立的位置、行动的方向、聚集的数量都会使画面充满生命力，画面中心的功能表现因此得以加强，而不当的人物设置则会让画面混乱不堪，表现力削弱。

　　人物和其他设计表现元素一样，用来表达构思，与画面其他部分相互关联，相互协调，在风格与形式上要能统一起来。细腻精致的画面中，人物也要详尽刻画，而草图中人物则应是形式化和象征性的，几乎没有细部，只保留大体的形态特征，高度模式化，模式化的人物便于掌握，记住几种常用的形式，碰到时拿出来用，简便易行。不同的人物，要分门别类地练习，像成年男性、女性、老人、儿童等，动态的或是静态的，均要掌握，以配合不同的场景使用。人物不要有过多细节，特别是面部表情，男女性别除了着装区分以外，大的身材比例要稍微调整，男性肩部较宽，腰细臀部小，棱角分明；女性则肩部较窄，腰细臀部宽，腿长，较圆润。放松的刻画是表现人物的关键，尽量用流畅的线条、合理的比例、得体的着装去渲染人物。模式化的人物，不要找细节，而是注重形态，概括而简练，作为图案化的存在，人物极少单个使用，避免孤单的感觉，按照惯例，多使用奇数的人物，偶数效果不佳，彼此位置和动态等相互关联、照应（图9-58）。

　　画人物最关键的，是要掌握身体各部位的比例，一般来说，8倍头高是合适的比例，实际处理时头部不要画得过大，宜小，简洁，上下半身大约各占一半，下半身可适当长些，营造腿长的效果，也较美观。脸上的五官，多是省略的，不必刻画，成年男性和女性的差异主要体现在服装上，所以人物特征主要是着装细节，男性以西装为主，女性以裙装为主，平时可多找些服装图片描写大特征，提炼一些细节，形成固定的模式。有时不完全刻画人物正面时，可适当倾斜，这时就要注意衣服中缝和两腿的透视关系。动态的人物主要体现在走路或者上下楼梯时的姿态，腿部形态的处理比较关键，通常一直一弯，以体现动势。

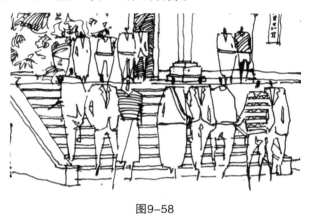

图9-58

## 十三　不可忽视的平面图、立面图绘制

通常意义上的设计手绘表现图，主要是指室内外透视图，这种类型的图符合人对客观世界的视觉经验，透视图既能表明设计意图，又可继续推敲设计方案，因而多数人较重视透视图的绘制，而忽略了平面图和立面图的表现技法。初学手绘者，往往认为手绘的主要技巧只是完成透视图，平面图则不重要，或者认为平面图较简单，透视图比较难，所以精力都放在掌握透视图的表现技法上，但实际情况却是，在现实的工作中，设计方案的平面图在整个方案的表现中占有特殊重要的地位，是整个方案表现的基础。作为专业的设计师，不仅要熟练掌握透视图技法，也要重视平面、立面等图的表现原理，设计方案的最终效果，无疑是以透视图为主，但这也只能反映某个视点的特定效果，更不能全面反映周边环境的关联问题，具有一定的局限性。然而方案的设计，通常是从平面图的布置开始的，局部

与整体的错综复杂的关系和尺度把握等，是依靠平面图来推敲的，所以完整的设计流程，都是从平面和整体入手来解决问题。一个优秀的设计方案，首先是从平面表现入手，好的平面图必须梳理组织好空间环境的整体关系，体现出局部与局部之间的衔接与过渡，交代清楚陈设的排列位置和室外元素的配置，从整体到细部都必须一丝不苟地给予表现，不能顾此失彼。

成套的方案设计表现，平面图是重要的基础内容，特别是在考研快题表现中尤为重要，快题的表现是由总平面图、平面图、立面图、透视图等组成，将这些不同的内容组织在一张试卷内，合理与否就决定着效果的好坏，如果组织不当，就会显得局部精彩而整体混乱，所以图面组合在大多数时候显得尤为重要。首先对图幅内容的尺度把握要准确，大小合适，过大过小都会使画面局促或空旷，合理的布置是一张图纸上不强求容纳过多内容，超出容量时则应分成两张，张数多了，就要注意画面内容之间的良好搭配。对于一套完整的设计方案，不同性质的图的先后顺序应维持完整形态，一般是按照总平面图、平面图、立面图、透视图的顺序呈现，但这会产生一个问题，就是往往同类型的图放在一起会产生单调感，因此要根据设计方案本身的特点去调整画面组合，使图面既完整统一又富有情趣和变化，以下几点建议会对快题图面组合有所帮助。首先，在同一张图纸中如果有若干个图，要避免平均分配，要确立主从关系，选择其中某个图作为表达重点，其他则无论是图幅大小还是刻画的详细程度，都应降低以起到陪衬作用，如果每幅图大小、详细程度都一样，反而没有重点，显得平淡无味，至于确定哪张图作为重点，就要依靠设计所表达的重心去选择，例如室内表现选择较重要的空间作为重点，像公共空间的大厅、居住空间的起居室等，景观表现则选重要的景观节点和体现设计精华的地方。所谓的重点图，占画面的面积要大，位置要更突出，色彩要更丰富，对比要更强烈，才能使人的目光聚集于此。其次，要把握好利用好画面里的负形，也就是留白的地方，有画面的地方和没有画面的地方形成疏密关系，重要的内容密一些，集中一些，少留些"白"；而次要的内容则疏一些，多留些"白"，形成疏与密的对比，避免平均的分配，平淡的对待，放松的和紧密的，个体的和统一的，一张一弛，画面才能有活力（图9-59）。

沙发背景墙立面

电视墙立面

**图9-59**

　　一张完整的室内平面布置图，应当包括三部分内容的表现，一是各空间划分，墙体、窗、门等的尺寸及位置的交代，这是设计方案得以进行的前提。原始平面图提供方案设计的基础，墙体的位置及厚薄、开间的划分、门窗开口的位置等是固定不变的，即使墙体等需拆除或添加来整合空间，也是在绘制新的平面布置图时首先确定好，墙体等具体的尺度要严格按比例进行缩放。二是家具陈设的添加。仅有墙体和门窗的位置等并不能算是完整的室内空间平面图，这样不能将各空间功能和特点直观地反映出来，因此室内陈设的添加必不可少，这对明确表达空间尺度和关系至关重要，哪儿是客厅哪儿是卧室都会一目了然，各空间之间的交通动线关系也能清晰表述出来。三是对地面铺装的说明和表现，地面的表达是室内平面表现重要的组成部分，功能不同的空间地面设计也往往不同，要选择合适的技法对地面的铺装材料予以表达（图9-60）。

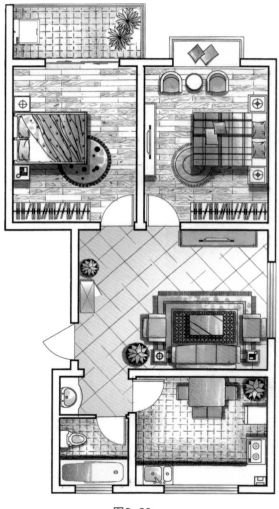

图9-60

具体平面图的绘制，首先要按照严格的比例，完成墙体的绘制，包括各类开间，这一步可能用到一些细铅笔辅助线来定位，画好后可擦除。墙体的厚度要按照原有图纸进行确定，由于墙体都要填充成深色，因此其厚度会对画面产生一定影响，有时内墙和外墙负荷不同，可能会有厚度的差异，在表现时也要注意体现这种差异感，也正是这种厚薄差别，会形成对比和变化，避免单调的形式感，窗口的宽度和门的尺寸也要做到准确无误。

其次就是家具陈设的绘制，空间的功能划分是否合理，在添加了家具以后才能明确地感知，交通流线的安排流畅与否也才能明确，各类型的空间通过家具的摆放都能一目了然。在绘制家具陈设的平面图时，首先要保证尺寸比例缩放的准确，在看图的过程中，家具有时会成为一个天然的比例尺，例如可以通过床在卧室里占的面积比重去体会卧室的面积大小，通过沙发组合感受起居室的宽敞程度等，因此家具尺度上一旦出现错误，将会影响整体空间尺度的表达，如果故意放大或缩小家具尺寸去迎合方案表现观感，则会出现更加严重的问题。各种类型的空间体现，只需放置主要的家具陈设，一些杂乱的不重要的则可以省略，多了感觉烦琐，少了又显得空旷，做到恰如其分，效果才能更好。

家具陈设的平面表现，也由线稿和上色两部分组成，线稿塑造形体，色彩解决质感和明暗，由于是顶视图，所以没有透视的立体效果，只能依靠后期上色去寻找立体感。线稿的详细程度，要看平面图大小，图大一些，线稿相应就详尽。在使用电脑软件绘制的家具平面图中，经常会用到家具陈设的模块，在电脑里直接调用即可，笔者认为手绘的家具平面上色，首先应该忠于方案设计，针对方案的风格特征，选用合适的颜色进行渲染，沙发类、餐桌椅等用色宜素净，可用少量的亮色进行点缀，地毯与抱枕颜色可鲜艳些，而表现床时，则以布艺与床单、床罩为主，用色可以大胆些。需要注意的是，要将家具平面塑造出立体感，主要是利用光线，室内的光线主要来自窗户，所以各空间的光线来自窗户方向，依据光源方向确定家具的明暗组成及投影部位，上色原理同前面的内容都是一样的，亮部简略，暗部详细，投影要透气，不要一片都涂黑，根据地板固有色确定投影的颜色，投影的宽窄可以体现家具的高度，不要忽略这一点。

最后是地面的表现处理，重点当然是去表现材料的特征，石材、木地板、瓷砖是常用的地面材料，这些材料大多具有铺装的接缝，在平面图上就要分格表现，格子的大小尽量与实际相符，石材、瓷砖等格子大些，木质地板格子小而且要根据地板规格进行划分。分格线的绘制也要注意，一般借助尺规工具来完成，分格线宁细毋粗，便于同家具线形成层次关系，必要时，也可用铅笔来画，并且不必粗细均匀，有的地方由于光线原因使分格线时隐时现，效果反而更好。一些石材的纹理应当适量表达，甚至木纹也可以用铅笔轻轻描绘，地面的上色宜浅不宜深，根据窗户方向的光线来源确定地面颜色的变化，使其看起来更加自然。总的来说，地面刻画不必过于烦琐和复杂，简略交代即可，否则与家具陈设都堆积在画面上，显得杂乱。

室外景观类的平面图元素，包括的内容多一些，如植物、山石、水体、道路、铺装以及各类建筑等，其中面积占比较大的是植物类和道路地面系统，地面和道路一般颜色极浅，植物类用色则要深些，在画完植物后，地面道路自然会被衬托出来，因此植物类的平面表现技法是景观平面图的重点。

植物类可大体上分为乔木平面、灌木平面和草坪三大类。乔木类按树种不同，或是所处的地区气候差异，可分为落叶乔木和常绿乔木，其平面的表示方法略有不同，如果是落叶乔木，多用分枝型的表现方法，也就是以主干为中心，用线条勾勒出向外生长的分枝，如果是常绿树，一般采用枝叶型表现，既要有分枝，也要画出树叶特征和质感，较为麻烦。还有一种较为简练的画法，就是只用线条去表示轮廓，靠后期上色营造立体感（图9-61）。其中应用较多的是分枝型，画法简练，效果也好。不管是哪种技法，树木的平面轮廓都是圆形，在正式的图中，都要利用圆形模板或者圆规完成绘制，再在其中添加分枝、树叶等内容。需要注意的是，树冠的直径要按照设计要求的比例尺度缩放在画面里，而不能为了图面美观任意放大或缩小表现树木的圆的直径。同一幅图中，尽量保持树木平面的图案化的一致，不能盲目追求变化，使画面五花八门，通常来说，同一树种，要采用相同的表现方法，从线稿到颜色都要一致，不同树种，还要稍有差别，应依据植物配置图里的树木种类、树冠大小等进行严格的描绘。

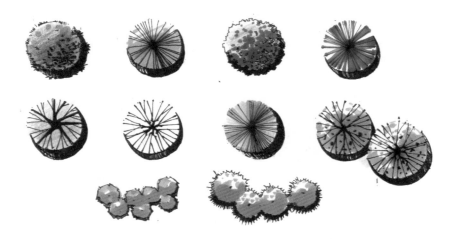

图9-61

　　线稿完成以后，就可以上色了，树木上色，也要依据光线方向，同一幅平面图中，光线方向应是一致的，树的平面图案哪部分受光，哪部分不受光也就一目了然，这就是上色的根据，受光部分亮一些，暗部深一些，过渡要自然，不要出现明显的明暗交接部分。树木的投影也是不可或缺的一部分，宜窄不宜宽，要按照树木的高低大小确定投影面积大小，高些的树，投影面积要宽，投影的颜色则是依据地面固有色来定，较窄的投影也可以直接涂黑（图9-62）。

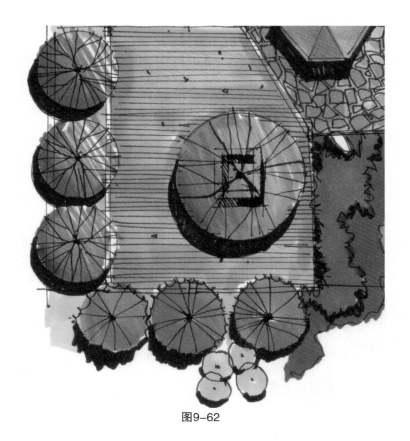

图9-62

如果有树阵和树群的表现，跟单棵树相比就要有所区别，树木的群植，要求多棵树组合在一起，这时在线稿刻画上，就不要一棵树一棵树去表现，而应该把它们作为一个整体，轮廓线的交叉也要注意避让，尽量避免重叠，使画面简洁明了。树阵表现，要求整齐划一、大小一致，看起来整体而统一。另外，需要特别指出的是，如果树冠下有其他设计内容，例如树台、坐凳、置石等，树的平面不要过于复杂，要注意避让，不遮挡树下的设计内容。

灌木和草坪的平面表现，相对乔木要简单一些，灌木低矮，叶片细小，明暗关系没有那么明确，多少体现颜色的变化即可。草坪虽是厚度极小，但面积可能较大，表现难点在于此，如何用简单的方法表现大面积的草坪并且看起来不会单调，是要解决的主要问题。草坪的质感可以使用麻点法或波浪线的方式完成，上色可以用彩铅等容易控制变化的工具，较大的平面图里草坪直接留白，只通过颜色表达。灌木和草坪分别代表了两个层次，在用色上要跟乔木加以区分，如果乔木深，则草坪浅，反之亦然，尽量体现出层次感，清晰明了，便于读图（图9-63）。

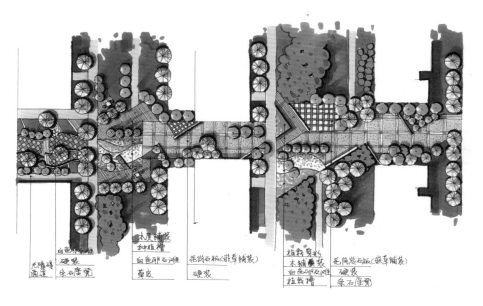

**图9-63**

　　除了植物表现，平面图里还有一类物体占比重较大，就是广场和露台的地面铺装，这些铺装的表现技法也是以体现材料特征为主，与室内的地面材质表达大同小异，在尺度上可能要大些，格子划分的形式比室内要丰富一些，在分格线的处理上与室内相同，尽量细一些，上色时注意繁简适当，与整体相协调。

　　水面的平面表现也会经常碰到，景观中的水体，分为人工与自然两种：人工的水体，一般面积较小，呈规则的几何形状；自然的水体面积通常较大，呈不规则分布。由于其形状面积不同表现方法也不完全相同，人工水体采用淡蓝色马克笔摆笔上色即可，没有太多变化；而自然水体深浅不一，形状及岸边线不规则，其刻画重点要体现这种特质，可采用几种深浅不同的蓝色，用波浪线重叠的方式表达深浅的差别，如果水面在画面边缘，也可用这种方式制造从深到浅的退晕，以自然的形式使画面结束，这种波浪式的笔触可较好地迎合不规则的岸边线，与岸上其他物体形成对比，营造层次效果（图9-64）。

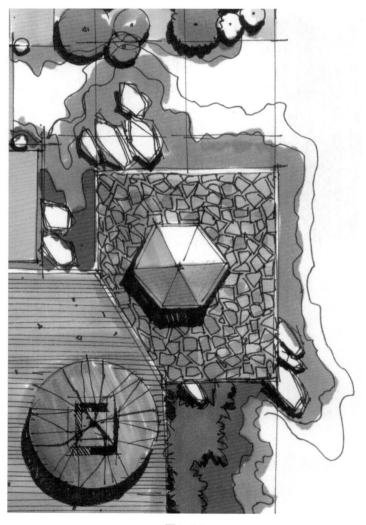

图9-64

　　景观类的平面图元素繁多，层次复杂，范围也比较大，包括诸多地形地貌、山水植被、人工构筑物等，这些元素作为设计的一部分，合理分配在平面图里，相互之间应和谐共存，共同组成一个有说服力的统一方案。在平面图的绘制过程中必须充分体现这种思想，避免把某一部分从整体中分离出来，但这也不是说对画面里每个物体都不分主次，同等对待，还是应当有重点地去表现某些物体，至于哪种元素作为表现重点，则要看方案本身想表达的设计重点是什么，同时分好大的层次，植物是一个层次，地面是一个层次，追求整体统一而有变化的效果。

# 第十章　手绘效果图表现实例欣赏

## 一　室内

工作室表现图

工作室效果表现

工作室效果图

酒店包间效果图

酒店大厅表现

酒店空间表现

酒店空间效果图

客厅场景表现

客厅场景表现图

快餐店效果

落地窗表现图

起居室场景表现

起居室俯视图

起居室效果图

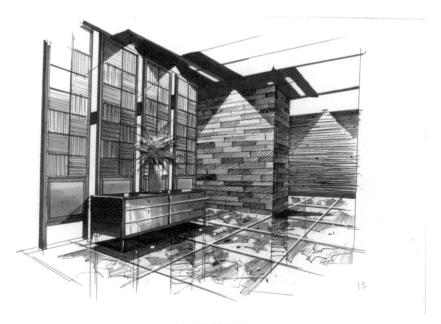

入口玄关效果图

室内过厅效果图

室内效果图

卧室效果图

阳光房效果图

娱乐空间效果图

主题酒店空间表现

# 二　室外

建筑表现图

建筑环境表现

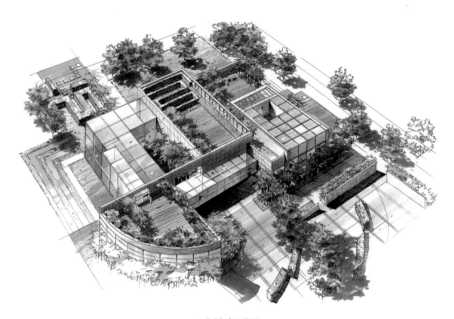

建筑鸟瞰图

建筑鸟瞰效果图

建筑入口表现

建筑入口景观图

建筑外观效果图1

建筑外观效果图2

建筑外观效果图3

景观环境表现图

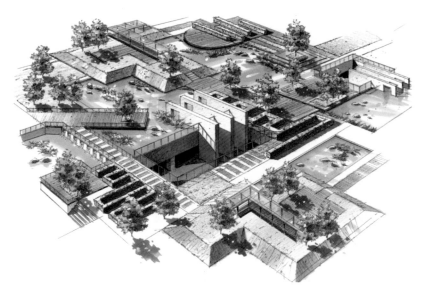

景观环境鸟瞰图

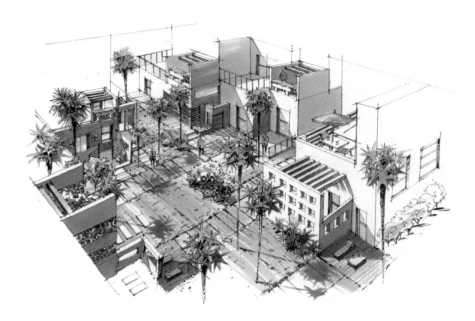

景观鸟瞰图

景观效果图1

景观效果图2

景观效果图3

景观效果图4

景观效果图5

入口景观表现

庭院场景表现1

庭院场景表现2

庭院场景表现3

庭院场景表现4

庭院场景表现5

庭院场景表现6

庭院场景表现7

庭院场景表现8

庭院俯视图

庭院过道景观图